KB107889

행복을 심는
주말농장 이야기

행복을 심는 주말농장 이야기

발행일	2018년 11월 9일

지은이	박 순 옥		
펴낸이	손 형 국		
펴낸곳	(주)북랩		
편집인	선일영	편집	오경진, 권혁신, 최예은, 최승헌, 김경무
디자인	이현수, 허지혜, 김민하, 한수희, 김윤주	제작	박기성, 황동현, 구성우, 정성배
마케팅	김회란, 박진관, 조하라		
출판등록	2004. 12. 1(제2012-000051호)		
주소	서울시 금천구 가산디지털 1로 168, 우림라이온스밸리 B동 B113, 114호		
홈페이지	www.book.co.kr		
전화번호	(02)2026-5777	팩스	(02)2026-5747

ISBN	979-11-6299-407-8 03520 (종이책)	979-11-6299-408-5 05520 (전자책)

이 도서의 국립중앙도서관 출판예정도서목록(CIP)은 서지정보유통지원시스템 홈페이지(http://seoji.nl.go.kr)와 국가자료공동목록시스템(http://www.nl.go.kr/kolisnet)에서 이용하실 수 있습니다.
(CIP제어번호: CIP2018035885)

자연에서 일하고 싶지만
귀농은 두려운 사람들의 현명한 선택

행복을 심는
주말농장
이 야 기

박순옥 지음

도심에서 일하고
자연 속에서 힐링과
행복을 찾는 사람들의 이야기

북랩 book Lab

살아가면서 누구나 이런저런 많은 생각을 하며 살게 마련이다. 그러다 보면 나름 걱정 없이 살아가는 사람은 없을 것이다.

급변하는 사회에서 어쩔 수 없는 현실이라지만, 여러 걱정거리들은 세월과 함께 우리네 몸과 마음에 퇴적되어 각종 현대병과 연결되는 것이 아닐까 생각한다.

나 역시 똑같은 그 길을 걷고 있지만, 조금이나마 내 삶의 변화와 여유를 얻고자 선택한 주말농장은 이제 편안한 안식처와도 같은 곳이 되었다.

꿈이 많아 좋았던 화려한 싱글에서 결혼이라는 틀에 짜인 반복되는 일상을 되풀이하다가 마침내 어렵사리 조그만 텃밭 하나를 마련하게 됐다.

육아 문제로 많은 날들을 집안에서 맴돌다 보니 나 자신은 온데간데없고 까닭없는 외로움과 허무함이 날 울렸다. 어딘가에 있을 나 자신을 찾기 위해 내려놓았던 책을 다시 들고 틈틈이 공부를 시작하였지만, 어느새 졸업이란 마침표 앞에 서성이게 되었다. 또다시 반복되는 학습을 계속해 볼까도 생각했지만, 경제적인 문제와 소중한 가족과 함께하는 시간이 부족할 것 같아 이내 맘을 접었다.

무언가를 찾기 위해 여행을 다녀 봐도 순간의 기분 전환일 뿐 그다지 큰 도움이 되지 못했다. 집 안 구석구석에 식물들을 들여놓고 키워 봐도 늘 채워지지 않는 듯한 모자람을 느껴왔다.

그러던 어느 여름날.

가족들과 시원한 계곡으로 떠난 여행을 계기로 주말농장을 떠올리게 되었다. 아이들은 여행에서 매번 자연의 신비함과 편안함에 즐거워했고, 그것을 본 나는 온 가족이 함께할 수 있는 자연 속의 공간이 있으면 정말 좋겠다는 생각을 하게 된 것이다.

요즘 아이들을 보고 순수하기보다 영악하다는 말을 많이 한다. 사회 환경과 시대 흐름에 따라 영악하게 변화할 수밖에 없는 것이 아이들의 인성일 것이다. 우리 기성세대는 또 어떤가? 많은 사람들이 편리한 삶을 쫓아간다지만 한 번쯤은 자신을 되돌아볼 필요가 있다고 생각한다.

나 역시 그동안 한 가정의 주부로서 남편과 아이들 뒷바라지에 모든 걸 희생하며 살아왔다. 모두가 경쟁사회에서 이겨내고 더 나은 삶을 살아주길 바랐기 때문이다. 그러나 그렇게 정해진 일상 속에 나 자신을 묻어버린 채 참된 삶을 모르고 살아온 것 같다.

이것은 내가 원하는 것과는 상관없이 정해진 삶이었고 항상 내달려야만 하는 생활이었다. 이러한 삶을 살면서도 마음 한편에는 늘 나를 돌아보고 경쟁사회 속에서도 여유를 가질 수 있는 삶을 살아야겠다는 생각을 하고 있었다. 그래서 조그만 텃밭을 찾아 늘 꿈꾸어오던 전원생활을 시작하게 되었고, 모두가 함께할 수 있는 공간 속에서 나는 또 하나의 새로운 행복을 일구어 가고 있다.

자연을 배우고 자연에 순응하며 살아가는 방법을 터득하는 것은 실천이 아니면 배울 수 없다. 때론 자연을 일구며 자연에 역행하며 내 이익을 추구할 때도 있지만 언제나 자연은 포근하고 나를 겸손하게 만든다.

물론 세상과 더불어 살아가는 방법을 익히기 위해 아이들은 아이들 나름대로 도심 속에서 열심히 경쟁하면서 최선을 다한다.

그래서 나는 시간이 허락하는 한 아이들과 함께 자주 주말농장에 들러 많은 것을 체험할 수 있도록 하여 자연과 함께하는 지혜와 자연의 순수함을 일깨워 주고 있다.

때로는 치열한 경쟁을 벌여야 하는 세상이다. 그러나 가끔 자신을 뒤돌아보며 치열한 경쟁만으로는 얻을 수 없는 어딘가에 있을 또 다른 나를 찾아 삶을 채워보려 한다.

힘들고 지칠 때나 우리 삶에서 뭔가 탈출구가 보이지 않는다고 느껴진다면 그런 분들에게 주말농장을 권하고 싶다.

많은 투자 없이 노력과 열정만으로도 얼마든지 마음의 평화를 찾을 수 있고, 자연은 분명 우리에게 삶의 균형감과 내일을 준비할 수 있는 지혜를 줄 것이라고 믿기 때문이다.

이 책은 작물 재배 기술을 정리한 교본이 아니다.

나는 아직 누구에게 농사법을 설명할 능력은 없다.

그저 평범한 일상을 벗어나 참다운 나를 찾기 위해 또 다른 자신과 세상을 발견하려는 모든 이에게 작은 용기와 경험을 나누고자 함이다.

끝으로, 이 책이 만들어질 수 있도록 늘 내 곁에서 많은 사진을 찍어놓고 농사 이야기를 정리해 준 사랑하는 남편과 주말농장을 위해 도움 주신 분들께 감사의 메시지를 전하고 싶다.

목차

시작하면서

Step 1

아지트 찾기 1년 반, 천하를 얻은 듯~

주말농장을 만들기 위해 주말이면 산과 밭이 있는 낯선 시골로 헤매다니면서도 힘들고 지칠 줄 몰랐던 내가 아니었던가.

그토록 넘쳐났던 에너지와 의욕이 오늘은 왠지 피곤하고 작은 추위에도 꼼짝하기 싫은 하루였다.

그럼에도 불구하고 어김없이 한 가닥 희망을 안고 언제나처럼 공인중개사를 찾아 나섰다.

주말농장을 찾아다니는 일은 이제 나에게 익숙해져 있었고, 여러 공인중개사를 접하면서 주말농장을 하기 위해 필요한 전문 지식도 많이 알게 되었다.

알면 알수록 선택의 폭은 좁아지고 저렴한 가격에 우리가 원하는 땅을 찾기란 쉬운 일이 아니다.

가격에 맞는 땅을 찾다 보니 때로는 굽이굽이 산을 넘고 넘어서 고립된 산촌에도 가보았고, 길 없는 험난한 밭은 물론이거니와 무덤으로 둘러싸인 야산까지… 그렇게 한 도시 외곽을 구석구석 헤매다닌지 일 년 반.

그리고 주말농장에 관심 있는 영남 언니를 만나 다시 함께 다닌 지 몇 개월 뒤, 언니네와 어느 공인중개사에서 만나기로 한 날이다. 몸살 기운도 있거니와 그곳에서 안내한 곳은 멀기도 하고 생각지도 않은 낯선 곳이라 기대하지도 않았다.

하지만 남편의 권유와 그냥 한번 둘러보자는 맘으로 따라나섰다.

나는 자동차에 피곤한 몸을 맡기고 도착지에서 내리지도 않고 차 안에서 잠시 눈을 붙이려 했다. 잠시 뒤, 중개인과 함께 따라나섰던 남편이 돌아와 날 깨우며 끌어당겼다.

"알았어, 여기까지 왔는데 둘러보지 뭐." 하며 마지못해 발걸음을 옮겨 부동산 중개인이 가리키는 반듯한 땅에 시선을 보내고 나도 모르게 눈이 휘둥그레졌다.

그곳은 차가운 날씨에도 아랑곳없이 양지마을답게 따뜻하게 내리쬐는 햇살과 온화함이 느껴지는 곳이었고, 사방이 산으로 둘러싸여 맞은편 동네가 한눈에 들어오는 아늑함마저 느껴져 그곳을 보는 내 마음을 단번에 설레게 했다.

그동안 봐왔던 어느 곳보다 땅의 쓰임새와 모양 그리고 전망까지 좋아 모든 조건이 우리가 찾고 있던 주말농장 터라는 생각이 들었다.

이 모든 지형적 여건들을 보고 나니, 지쳐 있던 몸과 마음은 언제 그랬냐는 듯이 한순간에 사라졌다. 내 얼굴엔 어느새 화색이 돌았고 반짝이는 눈빛과 희망찬 얼굴로 변해있었다.

무엇보다도 함께할 영남 언니 역시 맘에 들어 하니 참 다행스러운 일이었지만 한편으론 우리가 생각했던 것보다 가격이 비싸 고민이 되었다.

우리는 빠른 시간 내에 다시 연락하겠다며 중개업자를 먼저 떠나보내고 그곳에서 한참 더 서성이며 주위를 둘러본다.

그날 돌아올 땐 갈 때와는 달리 가슴 부푼 마음으로 발길을 돌릴 수 있었다.

그날 밤, 돌아가신 아버지께서 꿈속에 나타나셨다.

지난번과는 달리 환한 미소로 멋진 성문을 오르시면서 "난 이제 간다. 잘 살아라"라는 말 한마디 남기고 떠나가시는 모습이 꿈을 깨고서도 계속 생생하게 떠올랐다. 왠지 느낌이 좋다.

오래전, 이리저리 주말농장 터를 찾아다니다 폐허가 된 집터를 계약하려고 고민할 때도 꿈속에 나타나셨던 아버지. 그때 호통치시던 모습에 놀라 께름칙해하다가 계약을 놓친 적이 있었다. 이후 소개한 지인이 그 집터를 계약하지 않길 잘했다고 사정 이야기를 해 주었다.

그때만 해도 다른 여건은 생각하지 않았다. 저렴한 땅에 조그마한 텃밭 정도 가꿀 수 있으면 된다는 생각뿐이었기에 꿈속의 아버지가 아니었으면 그대로 계약하고, 지금 와서 크게 후회하였을지도 모를 일이다.

돌아가신 지 3년이 지나도록 한 번도 보이질 않던 아버지께서 그렇게 꿈속에서 두 번의 만남으로 내게 멋진 주말농장을 선물하시고 가셨다는 생각이 든다.

이렇게 나는 돌아가신 아버지의 도움으로 용기를 얻게 되었고, 좀 무리하게 저축을 한다는 마음으로 계약을 마무리하게 됐다.

이곳에 처음 왔을 때 미처 알지 못했던 또 하나의 반가운 사실을 알게 된다.

중개인과 처음 왔을 때는 보이지 않던 수십 그루의 대추나무가 심겨 있었다. 그뿐인가. 내가 좋아하는 단감나무가 제법 큰 덩치를 내보였고, 양지바른 언덕엔 뽕나무가 자리를 차지하고 있었다. 그리고 수령이 제법 된 모과나무까지 곳곳에 필요한 과실수들이 자리하고 있다는 사실을 알게 되어 기쁨은 더해만 갔다.

처음엔 오직 주위 환경과 땅의 쓰임새에만 관심을 가지다 보니, 앙상한 가지만이 남아 볼품없어 보이던 나무들에 대해서는 미처 신경 쓸 여유가 없어서 예사로 보아 넘겼던 것 같다.

중도금을 치르고 계약을 마무리하는 동안 파릇파릇 새싹이 돋아나고, 어느새 잎이 무성해지면서 이들의 존재를 의식하게 되었고 그 진가를 차츰차츰 알게 된 것이다.

그렇게 갈망하던 자연과 더불어 뭔가를 이룰 수 있다는 기쁨과 용도에 맞게 땅을 일굴 생각을 하니 마치 천하를 얻은 듯 설레고 뿌듯했다.

조그마한 터지만 나에게는 너무나도 소중한 아지트이기 때문이다.

대추나무

어떤 이는 꽃을 피우고 무성한 새잎을 돋아내고

어떤 이는 새싹을 틔우고 환한 꽃을 피우건만

아직도 겨울의 차가운 그늘 아래에서

앙상한 가지를 고집하는 외톨이가 있다.

무엇이 못마땅하여 봄을 모르고

깜깜 무소식인지…

메마른 가지에 바늘 같은 가시가

나를 아프게 찔러온다.

Step 2

종일 일해도 몸과 마음 가벼워서 신기해~

　주말마다 자연을 갈망하며 쫓아다니던 일도 이제 막을 내리고, 소중한 이곳 아지트에서 둥지를 틀었다.

　뭐든 내 손으로 만들어보고 싶은 맘이 앞선다.

　우선 평소 가꾸어 온 식물들로, 늘 꿈꾸어 오던 정원 만들기에 몸과 마음이 분주하다.

　갖추어진 시설이라곤 하나 없는 이곳에서 나와 남편은 등기이전이 끝나자마자 쉴 틈 없이 일을 했다. 늘 오가는 자동차 트렁크엔 갖가지 농기구와 각종 공구들로 가득 차 있어 전문 농사꾼을 방불케 했다.

　온몸이 땀으로 범벅이 되어도 씻지 못하고 집으로 돌아와야 하는 불편함도 잠시, 그저 설레고 즐거운 맘뿐이었다. 지금도 그렇지만 한 시간가량의 가깝고도 먼 거리는 드라이브하는 마음으로 앞으로의 계획에 대화를 나누다 보면 어느새 목적지에 이른다.

　무엇인가 새로운 일, 소망하는 일을 하나하나 이루어간다는 것이 이렇게 가슴 벅차고 즐거운 것인지 참으로 오랜만에 느껴본 행복이었다.

이렇게 남편과 나는 주말농장이라는 새 아지트를 일구면서 부부간에 대화가 늘고, 함께 여가를 즐기면서 새로운 삶을 살아가는 기쁨을 가졌다.

수도 시설도 없고 작업복을 갈아입을 곳도 변변치 않았지만, 전문가의 손을 거치지 않고 해결하기 위해선 모든 악조건 속에서도 우리는 이겨내고 일을 쉬지 않고 해야만 했다.

농장을 마련한 후 가장 먼저 해야 할 일은 땅을 고르는 일이다.

작물을 심어 가꾸고 적당히 쉴 공간을 만들려면 그만한 공간이 확보되어야 하기 때문이다.

그러기 위해서는 필요한 공간에 심어진 과실수를 뽑아내고, 땅을 일구어가며 돌을 파내야 했다. 이곳에서 파낸 돌들은 정원을 만들기 위해 달리 요긴하게 사용되었다.

오래된 대추나무를 뿌리째 파내는 일도, 땅속에 자리 잡고 누워 있는 돌을 파내는 일도 여간 어려운 일이 아니다. 그래도 남편은 삽과 곡괭이를 무기 삼아 땅속에 자리한 돌들을 향해 연신 힘겨운 공격을 해 댄다. 금세 팔뚝과 얼굴에는 주렁주렁 땀방울이 열리고, 옆 밭에서 농사짓는 어르신은 이런 우리가 애처로웠는지 기다란 쇠토막을 갖다 주신다. 이걸로 파내면 좀 쉬울 거라시며….

나는 남편이 어렵게 파낸 돌덩이를 열심히 날랐다. 웬수 같은 돌을 다시 밭에다 쌓아가는 날 보며 남편이 싫은 소릴 해대도 나는 아랑곳하지 않고 내 고집을 부렸다. 이렇게 파낸 돌들은 내가 나름대로 생각했던 조경석과 걸터앉아 쉴 수 있는 의자 그리고 축대를 만들어 가고 있는 것이다. 이렇게 나는 나만의 만족을 느끼며 쉬지 않고 일을 하면서도 행복해 했다.

남편은 가끔 불필요한 돌이 너무 많아 힘들다고 투정이었지만 그로 인해 즐거움과 만족을 느끼는 사람이 있었으니 이 또한 무슨 조화일까…

내가 모은 돌 하나, 내가 심은 나무 한 그루 한 그루가 생명과도 같이 소중하고 내 마음을 설레게 한다.

들 수 없는 돌은 이리저리 굴려서 새로운 제자리를 찾아주었고, 그마저도 힘들 땐 남편의 도움을 받기도 했다. 뭐든 뜻을 품고 이루어 나가면 불가능은 없다는 말이 새삼 실감 났다.

그런 나를 지켜보는 남편은 못 이기는 척 항상 내 편이 되어 주었고, 이런저런 이유로 투덜거리면서도 내가 시작한 일을 깔끔하게 마무리해주니 항상 고마울 뿐이다. 어쩌면 이렇게 나를 이해해주는 든든한 남편이 있어서 주말농장을 꿈꿀 수 있었는지도 모른다.

이렇듯 내가 꿈꾸는 공간을 만들기 위해서라면 먹지 않아도 배가 부를 정도로 알 수 없는 에너지가 불끈불끈 솟아났다.

평소 가벼운 노동에서도 몸살을 앓던 내가 아니었던가. 무거운 돌을 나르고 나무 가꾸는 일로 하루를 꼬박 보내는데도 오히려 몸과 마음이 가벼워진다는 사실에 신기할 따름이었다. 내일을 꿈꾸며 즐거이 일하는 나에게 자연이 큰 선물로 보답하는 것 같았다.

편안함만을 추구하는 것보다 뭐든 해서 보람과 성취감을 느끼고 행복을 찾아내는 일이 내 삶을 풍요롭게 한다는 사실을 나는 알게 됐다.

작은 일이지만 무언가에 도전할 수 있고 내가 얻는 그 무엇에 늘 감사하며 소중하게 여기는 변화된 나의 모습에 큰 행복을 느낀다.

땅속에서 보석보다 반가운

돌덩이가 굴러나온다.

톡! 하면 이건 작은 돌

툭! 하면 이건 못생긴 돌

퍽! 하면 이건 바위처럼 커다란 돌

어느 하나 버릴 것 없이

자기 자리를 찾아간다.

누군가에겐 농작물 속 잡초 같은 골칫덩이가

나만의 공간을 풍성하게 채워주고 있다.

Step 3

자연이 안겨준 행복한 선물에 눈을 뜨다

봄이 한창 무르익어 가는 어느 날.

주말이 아닌 평일임에도 농장이 눈앞에 아른거려 견딜 수가 없다.

평소 집안에서 키워오던 넘쳐나는 화초들을 옮기기도 할 겸 같은 아파트에 사는 향미 언니와 단출한 도시락을 싸들고 농장을 찾았다.

거친 도로를 세차게 달리는데 차체에서 나는 소리가 심상찮다.

푸르게 변해 있을 농장을 향한 설렘이 앞선 나머지 나도 모르게 가속 페달에 힘이 들어간 탓일까. 목적지를 눈앞에 두고 차에서 달그락거리는 소리가 나면서 이상이 생긴 듯했다.

하도 오래된 자동차인지라 가끔 투정을 부리긴 하지만 하필 오늘 같은 날 이러다니….

갑작스러운 상황에 놀라며 당황해 하는데, 곁에 앉은 언니는 불안해하는 기색 하나 없이 별일 아닐 거라며 나를 안심시켜줬다.

하지만 나는 이 시골에서 큰 고장이라도 났으면 어쩌나 하는 불안감에, 마음 졸이며 남편에게 전화를 했다. 다급한 목소리로 차의 중

상을 설명하자 남편은 늘 그렇듯 태연하다.

머플러에 이상이 있는 것 같다며, 그냥 시끄러울 뿐이지 운행하는 데는 아무런 지장 없으니 걱정할 필요 없단다. 평범한 직장인인 남편은 어떻게 설명만 듣고도 그렇게 훤히 아는지…. 걱정하지 말라는 남편의 말에 마음의 안정을 찾아 무사히 농장에 도착하게 되었다.

농장에 도착하자 어느새 푸르스름한 잎들이 새 주인이 된 나를 반기고 새롭게 변해가는 모든 것이 정겹고 잎사귀들이 내뿜는 따뜻한 열기가 가슴에 와 닿았다.

바위솔, 남천 등 가져간 식물들을 화단에 정성스레 심어두고, 논두렁을 따라 흐르는 농수를 바가지로 퍼 올려, 옮겨 심은 화초 주위에 살포시 내려놓는다.

집에서 늦게 나서다 보니 이내 점심시간이다.

어디에다 자리를 잡을까 하다가 그늘진 나무 밑에 야외용 돗자리를 펴고 도시락을 꺼냈다. 어린 시절 소풍 가서 도시락을 꺼내 먹듯 설레는 마음으로 하나하나 펼쳤다.

앗! 이게 어찌 된 일인가?

깜박 잊고 씻어둔 상추를 집에 놓고 온 것이다. 손님까지 모시고 와서는 찬 없이 밥을 먹어야 하는 난감한 일이 생기고 말았다. 잠시 민망함에 어이없어하는데 문득 시야에 들어오는 그 무엇이 있었으니, 그것은 무성한 잡초들 사이에서 꿋꿋하게 자라난 깻잎 몇 그루가 날 반기며 손짓하고 있는 것이다. 드문드문 남편이 좋아하는 왕고들빼기도 자리를 같이하고 있었다.

전 주인이 흘러 놓은 씨앗이 일찍이 싹이 터서는 관리가 되지 않은 채 잡초들 사이에서 제멋대로 자라난 것이다. 어쨌거나 얼마나 반가웠는지 모른다.

공기 좋고 햇살 좋은 시골 땅이라 걱정할 것 없겠다 싶어 가져간 물에 대충 씻어 입에 넣었다. 향과 씹히는 맛이 부드럽고 즉석에서 해결해서 먹는 색다른 맛 때문에 가져간 도시락이 금세 바닥을 보였다. 우리는 그렇게 별 찬 없이도 행복한 식사 시간을 가질 수 있었다.

자연은 이처럼 우리에게 언제 어디서든 손을 내밀고 있다. 단지 우리가 자연의 혜택을 발견하지 못하고 있을 뿐이다.

비록 시설은 갖추어지지 않아 불편할 따름이었지만 때 묻지 않은 자연 속에서 잠시 머무른다는 사실만으로도 나는 행복하다.

따가운 햇살을 피해 대추나무 그늘을 벗 삼아 짙어가는 푸름을 바라보며 마시는 커피 한 잔의 여유도 내 마음을 설레게 한다. 그리고 그 차분함 속으로 스쳐가는 앞으로의 계획들….

남들은 내게 고생을 사서 한다지만 그래도 나는 마냥 행복하기만 하다.

온 세상이 연둣빛으로 물든 공간

이곳에선 묘한 끌림이 있다.

곁에 있는 모든 이가 자연과 함께

숙연하고

제철 음식으로 맛보는 싱싱함은

제대로 맛을 내지 않아도

그 어떤 음식보다 달콤하다

그윽한 풍광 속에

불끈 솟는 열정과 희망

이것이 자연이 내게 준 소중한 선물의 일부일 것이다

✎ 텃밭 만들기

① 먼저 텃밭이 될 땅을 선택한 다음 돌과 잡초 등을 제거한다.

② 흙을 땅 위로 20~30㎝ 정도로 높게 북돋워 이랑을 만들고, 딱딱하게 굳은 흙덩어리는 으깨서 부드럽게 해준다.

③ 이랑 사이를 고랑이라 하는데 고랑은 물 빠짐이 좋게 만든다.

④ 거름은 닭똥퇴비 등 시중에 판매하는 부산물 비료를 사용하면 된다. 우리는 처음에는 그냥 심었다. 원래 비옥한 땅이라 작물들이 잘 자라주었으나 이후부터는 음식물 찌꺼기나 한약 찌꺼기 등을 자연 발효시킨 순수 천연퇴비를 사용한다.

음식 쓰레기는 집안에서 모아두기가 어려우나 플라스틱 통이나 항아리 같은 밀폐 용기에 담아두었다가 밭 한쪽에 잡풀 등과 함께 덮어 놓으면 자연 발효가 되어 훌륭한 퇴비가 된다.

재배하기

① 심을 작물을 선택한다. 상추, 고추, 토마토, 쑥갓, 시금치, 호박, 오이 등은 누구나 기르기 쉬운 채소들이다. 이 중에서 상추나 시금치는 여러 번 심어 수확할 수 있고 농약을 전혀 하지 않아도 싱싱한 맛을 선사한다.

② 고추와 토마토는 씨앗을 뿌려도 되지만 농약상이나 종묘상에서 파는 모종을 사서 심는 것이 편하다. 심는 간격은 그 식물이 성장했을 때의 폭을 고려해서 심는다. 식물 사이로 공기가 잘 통해야 작물도 잘 자라기 때문이다.

③ 텃밭 가장자리에는 옥수수, 호박, 들깨, 콩 등을 심으면 텃밭을 효율적으로 이용할 수 있다.

④ 비가 온 뒤에 심는 것도 좋지만, 일기예보 등을 통해 비 오기 전날 오후에 심으면 좋다. 맑은 날에는 심은 다음 물을 흠뻑 주어야 하고, 첫 1주일 정도는 물주기에 신경을 쓴다.

○ 알아두자 : 배추와 열무, 상추는 봄 재배용, 여름 재배용, 가을 재배용으로 출시가 된다. 되도록 계절에 맞는 종자를 구해 심는 것이 다수확에 도움이 되고 병충해에도 강하다.

Step 4

자연 속에서 스스로 생활의 지혜를 배우는 아이들

　내겐 일상적인 일이지만 가끔 마음이 울적할 때나 무기력해질 때면 더 찾게 되는 초록이들.

　나는 또 하나의 활력소가 되어 주는 초록 식물들을 돌보며 기분 전환을 하는 편이다. 가꾸는 만큼 예뻐지는 푸른 식물들로부터 보이지 않는 에너지를 얻는 것 같다.

　일주일 동안 집 안에서 되풀이되는 생활로 허무함을 느낄 때쯤 찾아오는 주말이 나는 좋다. 주말이면 이곳에서 땀 흘려 자연을 달래며 무언가를 이루어가는 과정에서 새로운 희망을 꿈꿀 수 있기 때문이다. 그러기에 나에게 있어 주말은 또 하나의 시작이고 재충전의 출발점이다.

　한적한 주말.

　오늘도 남편은 열심히 돌을 파내며 땅을 일구기에 여념이 없다. 텃밭에서 들려오는 반가운 소리. "어? 또 돌이네. 미치겠네…. 크기도 엄청 크네…."

남편의 이 말이 나에게는 사랑의 속삭임처럼 들린다. 제법 큰 돌덩이가 묻혀 있다는 반가운 사실에 나는 그 돌의 용도를 이리저리 떠올리며 설레는 맘으로 달려갔다.

반가움도 잠시 이내 포기할 수밖에 없었다. 묻힌 바위가 너무 커 사람의 힘만으론 도저히 캐낼 수 없겠다는 생각에 그냥 묻어 두라며 돌아서는 순간 남편은 그 돌을 캐내지 않으면 농사에 방해가 된다며 바위와 정면 대결도 불사할 투지를 보였다.

평소 집안일에 관심이 없던 남편은 농작물 가꾸는 일에 있어서만큼은 많은 애착과 노력을 아끼지 않았다. **나에게는 이 역시 새로운 발견**이었다.

아무튼 남편이 그 돌을 어떻게 처리할지 지켜볼 수밖에 없는 나로서는 또 하나의 관심거리가 됐다.

이내 남편은 돌 주위로 흙을 파낸 다음 돌을 로프로 묶고는 마치 적군을 생포하기라도 한 것처럼 "게임은 끝났다."며 의기양양해 했다.

잠시 후, 그는 미소를 머금은 채 차에 올라탔다. 그러고는 능숙한 솜씨로 사륜 기어를 넣자마자 차가 붕붕거리더니 어느새 거대한 바위는 땅속을 빠져나와 햇볕에 나뒹굴었다. 나는 그 모습에 감탄했다.

"이런 방법도 있구나…" 하고.

그야말로 수만 년 동안 캄캄한 어둠 속에 파묻혀 있다가 얼굴을 내민 그 돌은 지금은 자갈밭 가장자리에서 훌륭한 조경석으로 떡하니 자리 잡고 있다.

이렇게 우리는 자연 속의 모든 자원을 노력과 투지만으로 마음껏 활용하고 만들어낼 수 있다는 사실에 흐뭇하기까지 했다. 좀 수고스럽지만, 부부가 힘과 마음을 합치니 두 인생을 살아가는 분주함 속에서 각자 두 배의 행복을 누리고 있는 것이다.

언덕 아래에 자리한 오디나무엔 어느새 까맣게 익은 열매가 주인을 애타게 기다리고 있었다. 하지만 바쁜 생활 일정 때문에 그곳까지 손길이 뻗치지 못해 많은 양이 허무하게 떨어지고 있던 어느 날이었다.

예고 없이 들러도 편안함이 느껴지는 삼순 언니네의 방문으로 드디어 오디 수확을 하게 된다.

앉아 쉴 곳이라곤 나무 밑 그늘이 고작이지만, 온통 푸름으로 뒤덮인 공간이 모든 걸 대신해줬다.

오디를 한가득 수확한 삼순 언니는 흐뭇해했고, 물 한 방울 없는 더운 날씨에 찾아온 아저씨께서는 간단한 수로를 만들어 주기도 했다.

윗집 밭고랑을 타고 흘러내리는 산 물을 호스로 연결하여, 소량의 물이지만 졸졸 흘러나오게 만들어 놓은 것이다. 아저씨는 스스로 흐뭇해하시며 흘러나오는 호스를 붙잡고 여기저기에 직접 물을 주었다.

그 모습을 보고 있던 남편은 어디선가 페트병 한 개를 구해 와서는 사정없이 절반으로 자르더니 페트병 주둥이 부분을 호수 입구에 연결해 보다 많은 양의 물이 흐르도록 만들어 놓았다.

마치 사막에서 오아시스를 만난 듯 반가운 일이었다.

그마저 없을 땐 도로 아래로 흐르는 농수로의 물을 퍼다 나르느라 힘겨웠는데 비록 작은 양의 산 물이지만 호스를 통해 흘러나오는 물

줄기는 값진 기름과도 같았다.

이후로는 더 이상 필요한 물을 구하기 위해 길도 없는 도로 아래로 미끄러지듯 내려가서 힘겹게 물을 퍼올려야 하는 일을 하지 않아도 되었다.

얼마 전 10살 된 아들 인호에게 물 나르는 일을 시킨 적이 있었다. 어디서 보았는지 인호는 플라스틱 물통에 끈을 매달아 우물에서 두레박으로 물을 퍼 올리듯 길 위에 서서 물통을 던져가며 물을 떠왔다.

비록 물통 몇 개를 망가뜨리기는 했지만, 어린아이가 그런 생각을 하고 몸소 실천할 수 있다는 사실만으로도 기특한 일이 아닐 수 없다. 그렇게 생활의 지혜를 쌓아가는 아이를 보니 그날 깨진 물통이 전혀 아깝지 않았다. 모든 걸 엄마가 챙겨주어야 할 어린 나이에 생활의 지혜를 찾아내다니⋯. 이런 사소한 일도 어려서부터 해보는 버릇을 들여야 나중에 성장해서도 생활인으로서 허약하지 않은 사회인이 되지 않을까 싶기도 했다. 아무튼 부모로서는 이런 사소한 일 하나하나가 기특할 따름이다.

가정의 화목은

부부의 화합과 사랑으로 일궈낸

안정된 마음의 밭에서 난다,

이 자연과 하나 되는 이 공간은

부부갈등을 녹여내고

자라는 풀들과 발맞추는 바쁜 일상은

화합으로 이루어지며

바람을 닮아 자유로운 마음의 여유로움은

사랑을 만든다

아침마다 풀잎에 맺힌 이슬처럼

자연스레 젖어드는 행복인 것이다.

드디어 편히 쉴 수 있는 공간이 생기다

넉넉하지 않은 살림살이지만 하고자 하는 의욕만으로 우리의 주말 아지트는 이렇게 아이들 소꿉장난처럼 시작하게 되었다.

오늘은 이 아지트에 아담한 쉼터가 생긴다.

남편 친구 분인 희수씨의 도움으로 자그마한 조립식 패널(일명 샌드위치 패널) 집을 짓게 되었다.

희수씨는 지금 다소 큰 규모의 공장을 운영하고 계시지만 이전엔 샌드위치 패널로 공장건물과 조립식 집을 짓는 일을 하셨다고 한다.

아침 일찍 아이들을 학교에 보낸 후 우리는 부푼 마음을 안고 서둘러 집을 나섰건만 그 친구 분은 벌써 도착해서 우리를 기다리고 있었다.

자리를 깔지 않고는 앉을 곳도 없는 불편한 이곳에서 꽤 많은 시간을 보낸 것 같다.

우리를 위해 새벽밥을 먹고 나섰다는데, 한참이나 기다리게 해서 어찌나 미안했던지.

희수 씨는 일찍 서둘러야 한다며 우리가 도착하자마자 커피 한잔

할 여유도 없이 일을 시작했다.

더운 날씨에 땀방울을 연신 소매 자루로 훔쳐가며 자기 일처럼 정성을 다해 몸을 아끼지 않았다. 풍족하지 않은 물로 갈증을 해소해가며 변변치 않은 점심을 때운 채, 오후까지 일을 하면서도 힘들어하는 기색 없이 즐거운 마음으로 마무리를 해주니 나로서는 미안한 맘뿐이다.

세면장 칸막이 말고는 내부 인테리어가 없어서 그런지 한 채의 집이 지어지기까지는 그리 오래 걸리지 않았다.

순식간에 지어진 집 한 채.

드디어 다섯 평 반 넓이의 사각형 저택이 샌드위치 패널의 은빛 풍채를 드러냈다.

밭일 갔다 오시던 동네 할머니께서 "우째 이리 집이 후딱 지어지노."라는 말씀과 함께 놀라며 의아해하셨는데, 마치 돼지 삼 형제에 나오는 지푸라기로 지은 집처럼 금세 완성된 것이다.

전문가의 손길은 쉽고도 빠르게 진행되었지만, 미리 기초를 튼튼히 한 뒤에 시작한 일이라 그리 위험해 보이지도 허술하게 느껴지지도 않았다.

남편은 혹시나 하는 맘에 네 모퉁이에 흙을 한 자 깊이로 파낸 후 철근을 묻어 건물과 연결하고는 그 구덩이를 시멘트로 채운 후 "이제 강한 태풍에도 끄떡없다."며 다시 한 번 더 날 안심시켰다.

자연과 더 친해지기 위해 창을 더 많이 내고 좁은 공간을 효과적으로 활용하기 위해 문은 정면이 아닌 옆면에 배치하였다.

다만, 일이 없을 때 방 안에서 한가로이 풍광을 즐길 수 있도록 창문을 조금만 낮게 달았으면 어땠을까 하는 아쉬움이 있었다.

밖에서 보면 창고 같고 건물 내부는 아직 텅 비어 있지만, 안으로 들어서는 순간 사방에 뚫린 창문 너머로 눈부시게 푸른 대추나무 잎의 무성함을 느낄 수 있었다. 마치 숲으로 둘러싸인 별장 같은 분위기에 설레는 마음과 흐뭇함에 마냥 행복했다.

더운 날씨에 빗물처럼 흘러내리는 땀방울을 의식하지도 않고 꼬박 하루를 보내가며 우리의 보금자리를 정성껏 마련해준 남편 친구 회수 씨가 더없이 고맙고 미안했다.

이제 남은 내부 바닥을 완성하고 샤워장을 만드는 일은 우리 부부의 몫으로 남긴 채 이렇게 우리의 꿈은 하나하나 이루어지고 있었다.

오면 늘 반겨주고

가면 아낌없이 내어주는 이곳.

마치 엄마의 품처럼 따스하고 정겹다.

함께하는 동안

도심의 분주함을 잠시나마 잊게 해주는

휴식의 공간

내게 주어진 행복의 가치를 느끼게 한다.

쬐는 듯한 남의 시선이 없고

무얼 하여도 후회가 없는 이곳

마치 엄마의 품처럼 풍요롭고 안락하다.

지하 100m 지하수를 파자 농장에 생기가 돌았다

마을에서 수도를 끌어오기엔 여러 방면으로 힘이 들어 농장을 함께 시작한 언니와 의논 끝에 지하 관정을 파기로 하였다.

인근 마을에 간이 상수도가 있기는 하지만 그 물을 끌어오기 위해서는 여러 사람의 밭을 거쳐야 하기 때문에 농작물에도 피해가 생길 것 같고, 무엇보다 물을 풍족하게 사용하기 위해 고심 끝에 내린 결정이다.

지하 관정을 파기에 무엇보다 다행이었던 것은 농장 안 가장자리에 두 군데 정도의 수맥이 흐르고 있다는 사실이다. 우리 농장에 흐르는 수맥이 없었더라면 허락해줄지도 모를 남의 땅에 관정을 파야 하는 일로 곤경에 처할 수도 있었을 것이다.

지하 관정 공사는 하루 만에 끝이 났지만, 관정을 파는 과정에서 나온 돌가루와 파낸 흙이 산더미처럼 쌓였다.

긴 한숨이 나왔다. 애써 만든 잔디밭과 옮겨놓은 식물들을 이 잔해들이 한순간에 덮치고 만 것이다.

나도 모르게 흘러나오는 한숨과 허망함에 어떻게 해야 좋을지 몰라 한참을 멍하니 서 있었다. 그러나 어쩔 수 없는 현실이 되어 버렸는데 어쩌겠는가. 살아온 터전에 수해를 당한 것도 아니고, 하는 마음으로 이내 안타까움을 접어두고 복구 작업에 들어갔다.

가슴 아픈 현실과 뜻밖에 생긴 고민거리였지만 방해물로만 생각하지 않았다. 더 만족스러운 우리의 아지트를 위해 겪어야 하는 작은 아픔이라고…

팔을 걷고 흙을 파헤치며 묻혔던 소중한 나무들을 물로 씻어주며 다시 세상 앞에 내놓았다. 파낸 잔해들은 장차 앞마당으로 쓰일 곳에 채워가며 땅을 고르는 일로 한나절에 걸쳐 복구를 마치고 나니 마음이 한결 가벼워졌다.

100m가 넘는 땅속에서 뿜어져 나온 차가운 지하 물은 피부에 닿기만 해도 한여름 더위를 식히기에 충분했다.

자그마한 쉴 곳도 만들어지고 시원한 물을 펑펑 쏟아내는 관정도 생겼으니 이곳 농장엔 한층 더 활기가 돌았다.

무더운 여름 어느 날.

처음으로 이곳에서 동서네와 하룻밤을 지내게 됐다.

힘들게 파낸 돌들을 이용해 축대를 쌓고 풀을 뽑고 땅을 고르다 보니 어느덧 이곳도 휴식공간으로서의 틀이 잡혀갔다.

틈만 나면 호미를 들고 삽을 들고 텃밭에서 시간을 보내며 식물들과의 소리 없는 대화를 하고 있노라면 동서는 여러 가지 먹거리를 준비하였다.

정신없이 일을 하다가 어둠이 내리고 우리는 삼겹살 파티로 하루의 피로를 달랜다. 아이들은 쑥 향기 풍기는 모깃불 주위에서 불장난을 하며 특별한 체험을 한다. 그렇게 하루를 마무리하는 동안 어둠은 점점 주위를 검게 조여 오는 것이다.

어느새 밤은 깊어가고 뜻하지 않은 일이 벌어진다.

잠들기 전, 하루의 땀과 피로를 씻어내기 위해 샤워를 해야 하는데 아직 갖추어지지 않은 조립식 건물 안에는 지하수가 연결되어 있지 않은 상태라 씻지도 못하고 그렇다고 허허벌판에서 씻을 수도 없는 일이었다.

멀찌감치 떨어진 강으로 가자니 거기엔 몸을 가릴 그 무엇도 없고, 있다 하더라도 뭐가 나올지 몰라 무섭기도 하고 난감하기 그지없는 노릇이다.

인간은 무엇이든 원하면 얻는 법인가 보다.

"이렇게 하면 되겠네!"

잠자코 있던 남편은 무언가 해결책이 떠오른 모양이다.

남편은 시커먼 그림자가 드리우는 대추나무 아래에 우리 차와 동서네 차를 나란히 세우더니 두 대의 차 문을 열어 놓고는 그 사이에서 샤워를 하란다. 그럴듯한 공간에 세상 어디에도 없을 샤워장이 만들어졌다. 시동생이 장작불을 지펴 차가운 지하 물을 끓여 적당히 데워 주기는 하였지만 뻥 뚫린 하늘과 질퍽거리는 맨땅에서 샤워를 하기란 여간 난처한 일이 아니다.

결국, 동서와 나는 어설프게 마련된 공간을 큰 수건으로 가려놓고 든든한 보디가드 두 사람을 근처에 둔 채 샤워를 하기로 했다. 밤하늘에 달빛을 조명 삼아 자욱하게 내려앉은 어둠을 벽 삼아 불안한 마음으로 샤워를 하며 색다르고 잊지 못할 밤의 추억 속에서 하루는 깊어만 갔다.

다음날.

아침잠이 많은 나는 어느 때보다 일찍 눈을 떴다.

솔직히 말하자면 내 앞에 펼쳐진 꿈같은 현실에 마음이 들떠 깊은 잠을 이룰 수 없었던 것이다.

도심과 달리 맑은 공기가 온몸으로 파고드는 상쾌한 아침을 맞을 수 있고 풀 내음, 흙 내음 물씬 풍기는 이곳은 새소리 바람 소리마저 정다운 영원한 나의 벗이고 싶다.

농장에 돌아오면 집이 천국이고, 집에선 농장이 그립다

아침나절에 대충 일을 마무리하고 우리는 아이들과 함께 가까운 강에서 물놀이를 하기로 했다.

매번 땅을 일구며 가꾸기에 바쁜 하루를 보내다 보면 아이 어른 할 것 없이 흙 속에 뒹굴다시피 하고 아쉬운 하루가 순식간에 지나가버린다.

아이들은 아이들대로 불평이다. 이렇게 더운데 밭에서만 놀게 한다고….

그래서 오늘은 잠시 일을 접고 아이들을 위해 시간을 보내기로 한 것이다.

물놀이를 위해 고무보트와 구명조끼를 챙기고 허기를 달래 줄 삼겹살을 준비해서 길을 나섰다.

차가 출발하자 삼촌네 자동차의 짐칸에 올라탄 아이들은 마치 영화 속 주인공이나 된 것처럼 기뻐 소리치며 마음껏 환호성을 질렀다.

드디어 물놀이를 간다는 기쁨과 덜컹거리는 화물칸의 느낌이 새롭고 신이 난 모양이다.

잠시 후, 자동차가 목적지에 다다르자 신이 난 아이들은 곧장 물로 뛰어들고 우리는 그늘을 찾아 주위를 둘러봤지만 따가운 햇살을 피할 곳은 아무 데도 없다.

공기 좋고 물도 맑은 강이지만 계곡이 아닌 탓에 따가운 햇살을 피하기란 여간 힘든 일이 아니다.

물놀이하는 사람들 틈에 대충 자리를 잡고, 아이들과 물속에서 즐거운 시간을 보냈다.

얼마나 지났을까? 그토록 내리쬐던 햇살이 구름 속으로 사라지고 갑작스레 몰려온 먹구름이 그늘을 드리운 것도 잠시, 이내 빗방울이 떨어지기 시작한다.

"아차. 이불!"

문득 떨어지는 빗방울을 보니 아침에 건조와 살균을 위해 농장에 널어놓은 이불들이 떠올랐다. 나의 몇 마디에 상황을 알아차린 남편과 시동생은 말이 끝나기가 무섭게 자리를 박차고 일어나 농장으로 향했다.

가져간 음식을 먹기도 전에 짐만 잔뜩 옮겨 놓은 채 물속에서의 시간이 삼십여 분 지났을까. 비를 피해 한 팀, 두 팀 서둘러 자리를 뜨고 있었다. 우리도 철수를 해야 하나 말아야 하나, 이렇게 망설이는 동안 물놀이온 사람들로 빽빽하게 채워졌던 자갈밭은 어느새 한산해지고 남은 사람들이 몇 되지도 않을 때쯤 우리도 더 이상의 미련을 버리고 짐을 정리하기 시작했다.

점점 빗줄기는 굵어지는데 아이들은 물속에서 마냥 즐겁고 신이 나서 자리를 뜰 생각이 전혀 없어 보였다.

아니나 다를까, 더 놀겠다는 아이들 때문에 이리저리 시간을 끌다가 결국은 장대 같이 내리는 세찬 소나기를 흠뻑 맞고 말았다.

불어나는 강물과 하얀 구름 안개로 채워진 강 그리고 앞을 분간하기조차 힘든 소나기로 인해 평온했던 자연 속 공간은 한순간 무섭게 변해 가고 있다.

나는 농장으로 갔던 남편과 시동생을 애타게 기다리며 아이들과 동서에게 짐 하나씩을 손에 쥐어주며 도로 위로 올려 보내고 남은 짐을 바삐 정리했다. 순간 바람까지 세차게 몰려오고 쏟아지는 빗속에서 더 이상 머물 자신이 없어 자잘한 몇 가지 짐을 포기하고 떠나려던 순간 농장으로 갔던 남편과 시동생이 허겁지겁 달려왔다.

갑작스레 몰려오는 비바람에 이곳에 남아있는 우리가 꽤나 걱정되었던 모양이다. 천만다행이다 싶어 남은 짐을 모두 챙겨 들고 자동차로 향하는 길에 저마다 뭔가를 하나씩을 든 채 물에 빠진 생쥐마냥 추위에 떨고 있는 아이들과 동서의 모습이 눈에 들어왔다.

마치 피난민을 연상케 하는 아이들의 모습을 보면서 애처롭기도 하고 한편으론 웃음이 나오기도 하는 이 상황을 어떻게 받아들여야 할지 난감하기만 했다.

우리는 그렇게 아쉬움을 뒤로한 채 또다시 짐칸에 몸을 실어 멀지 않은 아지트로 향했다. 이곳에 비바람을 피할 수 있는 보금자리가 있다는 사실만으로도 기쁘고 행복한 일이다.

가는 도중 비는 멎었고 농장에 도착하자 언제 그랬냐는 듯이 햇살이 내리쬐는 게 아닌가.

더 이상 비는 오지 않았고 아이들은 더 할 수 있었던 물놀이를 생각하며 몹시 아쉬워했다.

아이들이 감기라도 걸릴세라 급한 마음에 대충 가려놓고 나는 지하수로 급히 씻겨주고 방 안에선 동서가 히터를 틀어놓고 아이들에게 옷을 입히는 일을 했다.

이렇게 이곳은 노는 것도 먹는 것도 모든 게 만족할 수 없는 여건에 때로는 고생이지만 이런 생활 자체가 아이들에겐 특별한 체험이 되고 살아가는 방법을 몸소 하나씩 알아가는 것 같아 이 또한 자연으로부터 배워가는 교육이 아닐까 하는 생각이 들었다.

사실 인간의 만족이란 끝이 없는 거라고 들었는데, 그럴 바에는 이처럼 자연에 적응하며 즐거이 받아들이는 게 진짜 행복이 아닐까?

그리고 모든 일에 있어 오히려 아이들은 어른인 나보다 상황에 잘 대처하고 적응력이 더 있는 것 같다.

물을 데울 수 없어 차가운 지하수로 샤워를 시키면서 아이들이 많이 추웠을 텐데 생각보다 잘 참아주었기 때문이다.

그러나 그 상황이 애들에게는 고통이었음을 나는 뒤 늦게 알게 된다.

그 후론 조카 경태는 내가 씻기러 들면 급히 도망부터 가버린다.

"숙모가 씻기면 넘 추워요."라는 말을 남긴 채.

어린 마음에 어쩔 수 없이 물이 차가운 것보다 나로 인해 물이 차가웠다고 생각한 건지, 아무튼 그날의 짧은 고통이 경태에겐 오랫동안 잊혀지지 않았나 보다.

농장에서 이틀을 보내고 집으로 돌아오면 천국이 따로 없고 집이 얼마나 좋은지 모른다.

하지만 우리는 조그만 아지트가 이내 그리워진다.

하루하루 변해가는 농장 그리고 자연에 대한 행복과 보람

일상에 지친 마음을 달래줄 수 있는 푸름이 있는 곳, 어김없이 이곳 주말농장을 찾는다.

가끔 구경 오는 사람들이 간간이 드나들 뿐, 새소리 바람 소리 외엔 사람의 기척이라곤 없던 고요한 이곳도 주말이면 연장 소리와 아이들 뛰놀며 재잘거리는 소리에 적막함이 사라진다.

사방이 푸른 초원으로 둘러싸여 있는 이곳 양지쪽에서는 늦은 시간까지 해를 볼 수 있어서 좋다.

그동안 여러 주위 사람들의 도움으로 농장은 빠르게 변해가고 있다.

비록 화려함과는 거리가 멀지만 자그마한 건물에 샤워시설도 갖추어지고, 싱크대를 하는 남편 친구 경섭씨의 도움으로 전시용이지만 멋진 싱크대까지 협찬받아 실내공간은 그럴듯하게 갖추어져 갔다.

때마침 이사하게 된 언니가 주고 간 살림살이들도 이곳으로 옮겨져 요긴하게 쓰이고 있다.

농장에서 땀 흘려 일하고 손수 키운 야채와 과일 등 소박한 음식 맛을 느낄 수 있는 행복감은 도심에서는 느낄 수 없는 색다른 멋과 감동에 젖게 한다. 이곳에서는 틀에 짜인 일상에서 벗어날 수 있어서 늘 내 마음을 넉넉하게 해주고 때론 가슴 벅차게도 한다. 바쁜 일과조차 나의 삶을 풍성하게 하고 보람으로 다가오기 때문이다.

때가 되면 싹을 틔우고, 꽃을 피워 즐거움을 주고, 열매를 맺고, 수확의 기쁨을 주며 소리 없이 자라나는 과실수와 식물들은 묵묵히 제 몫을 다 해주고, 이들을 보살피며 지켜보고 있노라면 매번 느끼는 경이로움 그 자체이다.

수백, 수만 년을 땅속 깊이 묻혀 잠들었던 돌덩이들이 세상구경을 나와 나름대로 숨겨진 자태를 뽐내고 있는 모습은 공들여 만든 예술품보다 더한 애잔함을 주고, 인간의 삶이 바위처럼 지속될 수 없음을 깨닫게 하기도 한다.

투기 목적과는 전혀 상관없이 오직 한적하고 오염되지 않은 소박한 산촌에서의 생활을 꿈꾸어 온 나의 오랜 바람이 이렇게, 이런 모습으로 지금 우리 앞에 펼쳐지고 있다.

모든 욕심을 버리고 살 수 있는 이곳 농장에서의 한때는 언제나 나에게 편안함을 가져다주고 있다. 이런 생활이야말로 남을 의식할 필요 없이 욕심을 부릴 이유도 없는, 사람들의 순수한 본성을 그대로 유지해 주는 삶이라 생각한다.

나 역시 평범한 삶을 살면서 남들처럼 아이들을 키우고 더 나은 삶을 살기 위해 도시에서 살아가고 있지만, 내 안의 또 다른 나를 발견할 수 있고 안전한 먹을거리까지 덤으로 얻을 수 있는 지금의 현실에 나는 만족한다.

사람들은 가끔 무언가를 쟁취하기 위해 자신의 본 모습을 드러내기보다는 그 무엇으로 자신을 감싸려 한다. 자연스러움을 버리고 거짓과 위선으로 자신을 포장해 버리는 것이다. 심지어 '자연스럽다'고 하면 오히려 뭔가 부족하고 뭔가를 더 채우려고 한다.

하지만 자연은 꾸밈없는 순수함을 추구한다. 자연을 따르고 자연과 더불어 살며 호흡할 때 자연은 우리가 필요한 자원을 조건 없이 내밀어준다.

나도 벌써 이러한 자연의 섭리를 알아챈 것일까.

자연과 호흡하며 보람과 행복을 느끼기에, 이 작은 행복들이 더 소중하고 각별하게 느껴지는 것 같다.

Step 9

변화되는 정원 가꾸기로 마음의 여유를 심다

현대사회에서 필수품이 되어버린 흔하디흔한 자동차.

우리에게도 그런 자동차가 한 대 있다.

우리와 15년을 함께한 낡은 자동차는 버릴 수 없는 가족과도 같은 존재다.

차체 페인트가 군데군데 벗어지고 문짝 등에는 불그스레하게 녹도 끼어있다. 이처럼 오래되고 낡은 자동차이지만 내부나 여러 편의 장치들은 남편이 직접 실속있게 손을 봐둔 상태여서 요즘 나온 고가의 자동차가 부럽지 않다.

간혹 고장이라도 나면 남편은 인터넷 동호회를 통해 필요한 자료를 수집하여 손수 수리하고 사전 점검은 물론 웬만한 기능은 다 추가해 놓았다. 운전 중 어느 정도 어두워지면 스스로 미등이 켜지고, 더 어두워지면 전조등까지 알아서 켜지고 꺼지는 장치에다, 어느 정도의 속력에 이르면 출입문 네 짝이 철컥하고 모두 잠기고, 목적지에 도착한 후 시동키를 뽑는 순간 다시 철컥하고 모든 문의 잠금장치가 풀리도록 개조해 두었다.

그뿐인가. 내게 자주 있는 일이지만 자동차 창문을 열어두고 키를 뽑아 휑하니 내리더라도 내려져 있던 모든 유리창이 스스로 올라가는 장치도 되어 있다.

건망증 아닌 건망증으로 가끔 당황하는 나는 전조등 조작과 창문 올리는 것을 깜빡하곤 했었는데 남편의 맥가이버 같은 손재주로 그 덕을 톡톡히 보고 있다. 요즘 차들이라면 대부분 기본적인 기능이겠지만 어쩜 나를 위한 남편의 배려가 아닌가 생각한다.

남들은 차 좀 바꾸라는 말들로 필요 이상의 관심을 보이기도 하지만 우리는 전혀 개의치 않는다.

사실 남편과 난 주말농장을 하기 전에 자동차를 바꿀 계획을 세우기도 했었다. 그러나 찻값이 웬만한 집값이라는 사실에 부담스러워했다. 때가 되면 언젠가 소비되어버리고 말 찻값을 생각하며 탈 수 있을 때까지 타기로 하고, 언제까지든 마음껏 활용할 수 있는 작은 농장을 계획한 것이다.

결국 우리는 낭비되는 자동찻값을 아껴 소중한 텃밭을 얻게 된 셈이다.

이것이야말로 가정생활에서 맘만 먹으면 할 수 있는 보이지 않는 재테크가 아닐까 생각한다.

오늘도 텃밭으로 향하는 자동차 안은 한가득 짐으로 채워진다.

화원에 들러 잔디를 사서 트렁크에 가득 실어 와 정성껏 심었다. 어설프지만 멋진 정원을 꿈꾸며 평소 하지도 않던 삽질까지 해가며 잡초도 뽑고 열심히 잔디를 심고 있는 것이다.

햇빛이 잘 드는 한쪽 모퉁이에 자리한 정원에 소량의 잔디를 사다가 번식시켜 옮겨가며 심어놓은 지 얼마 되지도 않은 듯한데, 어느새 열 평 남짓한 정원을 가득 메운 잔디밭을 볼 때면 넓어지는 잔디만큼이나 내 마음도 넓어져 간다.

그리고 간혹 주위 사람들이 아파트에서 키우다 싫증이 나거나 죽어가는 나무를 농장으로 가져다가 정성껏 심어두면 자연과 함께 치료되어 멋진 모습으로 변해가기도 한다.

집 베란다에 넘쳐나던 나무들을 모두 여기에 옮겨두고 대신 다육이로 허전한 베란다를 채워 두었다.

아파트에선 햇빛이 부족해서 영양제에 분갈이며 온갖 정성을 쏟아가며 키워야 했던 나무들도 이곳으로 옮겨 온 후로는 관리를 하지 않아도 자연과 더불어 더 잘 자라고 튼실한 걸 보면 환경과 자연의 소중함을 느끼게 된다.

이곳에 옮겨 심은 나무들은 어느새 제자리를 찾은 듯 하루가 다르게 커가고 무성해졌다.

아직은 초라한 정원이지만 내가 이곳에서 제일 먼저 만든 것이기도 하고, 누구의 도움도 없이 혼자서 가꾸어 가는 행복한 공간이기에 볼 때마다 흐뭇해진다.

더구나 내가 좋아하는 식물들이 다 모여 있기 때문에 농장에 도착하면 자연스레 발길이 가장 먼저 가는 곳이 이곳 정원이다. 나무들이 얼마나 어떻게 자랐나 하고 보살피며 물을 주는 일이 이곳에서의 나의 일과의 시작인 것이다.

남편은 많은 공간을 쓸데없이 차지하고 있다며 가끔 역정을 내기도 하지만 변해가는 정원을 볼 때면 멈출 수 없는 일이다.

나는 반복되는 농사일보다는 변화하는 일에 몰두하는 것이 좋아 정원이나 집 안팎을 꾸미는 일을 주로 하며 즐거움과 보람을 찾는다. 그런 반면에 남편은 농작물을 가꾸는 일에 관심이 많고 애착을 가진다.

남편과 나의 관심 분야는 다르지만, 우리가 먹을 웬만한 야채들은 직접 길러 먹을 수 있고 쉴 수 있는 공간과 볼거리가 적절히 조화를 이루고 있다.

나는 푸른 물감을 뿌려놓은 듯 여유롭고 아늑함이 느껴지는 잔디밭과 나무들이 조화를 이룬 정원을 무척 좋아하고 동경해 왔다. 처음에는 관심도 없고 불필요한 공간이라고 눈길 한번 주지 않던 남편도 잔디 정원이 차츰 제 모양새를 갖추어 가는 것을 보고 불쑥 내게 이런 말을 건넸다.

"잔디밭이 울퉁불퉁하네. 낮은 곳에 모래나 마사토를 채워서 잔디가 평평해지면 저기서 골프 연습을 해야겠네."

남편은 평범한 직장인으로 운동이라면 달리기가 고작이고 한 번도 골프채를 잡아 본 적이 없는 사람이다. 그럼에도 모래나 마사토를 잔디밭에 채우겠다며 누가 시키지도 않은 정원 일에 스스로 일거리를 찾아주며 잇속을 챙기려는 남편을 보고 순간 밉상이라는 생각이 든다. 그래도 내가 공들여 가꾼 정원을 인정해 주는구나 하는 생각에 내심 뿌듯함과 보람을 느낀다.

이런저런 일로 또 하루가 지나간다. 식물에 있어 자연의 위대함을 느끼게 해주고 우리 부부의 마음을 하나로 이어주는 이곳이 나는 갈수록 정감이 간다.

또 일주일간 텅 비어있을 방 안을 정리하고, 가져갈 야채와 과일 등을 챙기는 동안 남편은 흩어진 연장들을 정리한다. 누가 와도 가져갈 것이라곤 하나도 없지만 우리는 습관처럼 이곳저곳에 자물쇠를 걸어 잠그는 일로 하루를 마무리한다.

그냥 바라보는 것만으로도 흐뭇하고 행복한 이곳에서 집으로 향하는 발걸음은 무겁기만 하고, 이유 없이 자꾸만 뒤를 돌아본다.

마치 어린아이를 혼자 남겨 두고 집을 나서는 것처럼….

도시에 봄이 찾아오면

아지랑이 피듯 펼쳐지는

아련한 주말농장의 풍경

꽃이 피고 잎도 돋는 이맘때면

주말이 더 기다려진다.

변해 있을 농장의 모습과

가서 해야 할 일들을 떠올리며

분주한 마음으로 보내는 하루하루

내게도 봄이 성큼 다가왔나 보다.

🌱 가을배추(김장배추) 재배

우리나라 사람 중 배추김치를 먹어보지 않은 사람은 없을 것이다. 누구나 옥상 등 조그만

공간만 있어도 배추 몇 포기쯤은 쉽게 길러 먹을 수 있다. 물론 오염되지 않은 깨끗한 토

양이면 더욱 좋다.

- **모종 구입과 심기** : 배추 모종은 종묘상이나 화훼 단지 등에 가면 소량구매도 가능하

   다. 처서 무렵이 되면 배추 모종을 취급하는 곳이 많다. 모종을 심을 때는 원래 심겨있

   던 만큼만 묻어주면 되고, 심은 후에는 물을 흠뻑 주어야 한다. 포기당 간격은 약 40

   cm를 유지한다.

- **토양소독** : 모종을 심기 전에 토양살충제를 살포해주면 좋다. 해당 약제 이름을 몰라

   도 농약 가게에 가서 배추 심을 건데 토양살충제 좀 달라고 하면 된다. 우리 밭에는 다

   이아톤이라는 약제를 사용한다. 수년간 배추나 무를 심지 않고 오염되지 않은 땅이라

   면 굳이 토양소독은 하지 않아도 된다.

- **거름 주기** : 모종 심기 1~2주쯤 전에 퇴비와 요소비료를 넣고 밭을 일궈두는 것이 좋다. 그렇지만 화원에서 파는 잘 숙성된 퇴비라면 모종을 심기 직전에 뿌려도 상관없다. 우리는 한약 찌꺼기를 한곳에 모아 숙성시킨 퇴비를 사용하고 있다. 모종을 심은 후 2주일쯤 후에 웃거름을 주는데 주로 요소비료를 소량(포기 사이에 한 스푼 정도) 주고, 다시 2주쯤 후에 배추의 성장 상태를 봐서 1번 더 주면 좋다. 이때 배추 뿌리나 잎에 직접 닿지 않도록 주의해야 한다.

- **물 주기** : 배추는 성분의 90% 이상이 수분이다. 따라서 많은 물이 필요하다. 특히 속이 차기(결구) 시작하면서부터 가장 많은 수분이 필요하므로 밭이 건조하지 않도록 해주어야 한다. 그렇다고 물을 너무 많이 주면 무름병 등 여러 병충해가 발생하기 쉽고 잎의 줄기 부분이 두꺼워져 맛이 떨어진다. 보통 4~5일 간격으로 물을 주되 한 번 줄 때마다 충분한 물을 주고, 한낮이 아닌 아침저녁에 물을 주는 것이 좋다.

Step 10

가슴이 뻥 뚫리는 듯한 시원한 수돗가의 탄생

지하수를 파고 얼마 지나지 않아 밖에서도 씻을 수 있는 공간이 필요했다. 옛날 가정집의 그곳에서는 밥 지을 쌀을 씻고 빨래도 하고 먹을 물을 길어오고 더운 여름날엔 웃통을 벗고 등목도 하는 가정 내 친수 공간이었다. 어려서부터 나는 그런 공간을 '수돗가'라고 불렀다.

남편과 시동생이 인근 마을에서 모래와 시멘트를 사왔다.

먼저 지하수 펌프에서부터 마당의 수돗가 즉, 친수 공간까지 호스를 묻을 자리를 팠다. 밭으로 경작되던 곳이라 어떤 곳은 쉽게 파였지만 어떤 곳은 바위나 자갈이 많아 남편과 시동생이 무척 애를 먹었다. 더운 날씨에 힘겹게 일하는 남편과 시동생이 안쓰러워 그냥 물만 잘 나오면 되니까 대충 파서 호스를 묻으면 안 되겠냐고 물었다.

"난 날림 공사는 않는다. 여긴 여름에 덥고 겨울엔 추운 곳이니 그런 식으로 공사를 했다간, 호스가 얼어붙어 도루묵이 될걸." 하면서 남편은 기어이 30센티 깊이로 호스가 묻힐 땅을 파냈다.

당연한 이치겠지만, 땅속 깊이 묻으면 추운 겨울에도 호스가 얼지 않는다는 사실을 알게 되었고, 겨울철 추위를 생각해서 한낮 더위 속에서 고생해준 남편과 시동생이 그저 고맙게 여겨졌다. 나는 이런 남편의 세심함을 보고는 먼 훗날 여기에 제대로 된 집을 남편더러 직접 지어 달라고 해도 될 것 같다는 막연한 기대도 하게 됐다.

수돗가 바닥은 승용차를 이용해서 하나둘 실어오거나 밭을 일구면서 파낸 돌들을 사용하기로 했다. 먼저 큰 돌멩이들을 깔고 그 사이사이에 잔돌을 끼워 넣고 물과 모래와 시멘트를 섞어 사이사이를 채웠다.

몹시 무더운 날씨에 가만히 있어도 흐르는 땀방울을 주체할 수 없지만 이런 일은 내 관심사이기에 나도 같이 팔을 걷고 거들었다. 돌을 나르고 돌의 형태를 살려서 사이사이 조심스레 시멘트를 발라가면서 난생처음 해보는 작업에 신이나 힘든 줄도 몰랐다. 시멘트 성분이 돌 사이사이에서 접착력을 갖는다는 사실도 알게 되었다.

물을 사용할 때마다 흙탕물에 튕기고 질퍽거리는 땅 때문에 어려움이 많았는데 이렇게 큰 힘을 들이지 않고도 손쉽게 수도 시설을 만들 수 있다니 어설프지만 못할 게 없겠다는 자신감도 생겼다.

적당한 규모의 수도 시설을 만드는 일은 나무를 가꾸는 것만큼이나 즐겁고 뿌듯했다.

찌는 듯한 무더위라지만 완성된 수도 시설을 보니 장맛비에 질퍽거리던 흙탕물처럼 답답했던 가슴이 뻥 뚫린 듯 시원했다.

공사를 마친 후 우리는 나무 그늘 아래 자리를 폈다. 그동안 동서가 준비한 삶은 고구마와 두루치기를 안주 삼아 지하수에 담가둔 차가운 캔 맥주를 꺼내어 한 개씩 붙잡고 목을 축였다. 조그만 공사였지만 그래도 준공식은 해야 할 것 아니냐며….

그날 밤.

내일이면 수돗가에서 시원한 물을 사용할 수 있을 거라는 만족감에 젖어 잠이 들었다.

새벽녘에 바스락거리는 발걸음 소리에 초조한 맘으로 살며시 눈을 떴다.

설마 이 시골 마을에 무슨…. 지나가는 고양이 정도로만 생각하고 애써 잠을 청했다. 잠시 후 그 소리가 점점 더 가까이 다가와 귀 기울여보니 사람의 발걸음 소리가 분명했다.

순간 너무나 무섭고 긴장이 되어 말문이 막히고 다른 사람을 깨울 여유조차 없었다. 비몽사몽간에 그저 방문을 향해 쏜살같이 내달렸다. 일단 그 사람보다 내가 먼저 방문을 잠그고 대처해야겠다는 일념으로 방문 손잡이를 누르려는 순간 방문은 열리고 말았다.

화들짝 놀란 나는 비명과 함께 그만 주저앉고 말았다. 밖에서 문을 열고 마주친 그 사람도 놀라며 어둠 속에서 뭐라고 말을 건넸다. 그 사람이 바로 시동생이라는 사실을 알고서도 놀란 심장은 멈추지 않고 더 놀라고…. 나의 비명에 남편과 동서가 영문도 모르고 잠에서 깨어나 무슨 일이냐며 의아해했다.

시동생은 잠자다 말고 밖에서 잠시 볼일 보고 들어오는 중이었다.

한순간의 해프닝이었지만 한밤중 한적한 농장에서 영화에서나 느낄 법한 이런 서늘한 기운을 느끼며 조여드는 가슴을 부여잡고 한참 동안 잠을 이루지 못했다.

결국 나는 다음날 밭일을 하다 현기증을 느꼈고 결국 그 자리에서 의식을 잃고 말았다. 남편은 창백한 날 방으로 데려가서 눕히고 몸을 주물러 간신히 몸을 추스를 수는 있었지만, 그날의 공포는 잊을 수가 없다.

어쩌면 주말농장의 행복도 너무 의욕이 앞서면 안 된다는 교훈인지도 몰랐다. 앞으로는 좀 더 여유 있는 마음가짐이 필요하리라는 생각도 들었다.

Step 11

이보다 더 시원할 수 없는 초미니 수영장

　나와 동서는 1남 1녀의 자녀를 둔 평범한 주부다.

　우리 아이들은 물론 조카들이 같이 농장을 함께 찾는 날이 많다 보니 애들한테 재미있고 추억을 남길 수 있는 뭔가를 만들어 주고 싶었다. 생각 끝에 아이들이 여름철에 가장 좋아할 만한 물놀이 시설을 만들어주기로 했다.

　보름 전쯤, 친정에서 가져다 놓은 플라스틱 물탱크를 가지고 머릿속 설계도와 함께 미니풀장을 만들어 주기로 한 것이다. 땅을 파서 풀장을 만들기는 시간과 노력이 너무 들어갈 것 같고 그렇다고 전문 업자를 불러 공사를 맡기는 것은 여러 가지 이유로 내키지 않는다. 그래서 계획한 것이 오늘의 수영장 프로젝트!

　솜씨 좋은 두 형제는 FRP 물탱크로 내가 설계한 대로 작업을 진행해준다. 물탱크를 옆으로 눕힌 상태에서 윗부분을 삼 분의 일 정도로 수평으로 잘라냈다. 아이들이 들어가서 놀 수 있는 공간을 고려해서 이리 재고 저리 재면서 재단을 했다. 시동생이 손 그라인더로 물통을 자르는 데는 크게 어려움 없이 진행되었다. 다만, 손 그라인더 돌아가는 소음과 날아다니는 먼지 때문에 마치 대단한 공사라도 하는 것처럼 보였다.

다음은 목재를 이용한 작업이다. 한쪽이 잘린 채 누워있는 물탱크 아랫부분은 시동생이 가져다 놓은 굵은 각목으로 받침대를 만들었고, 윗부분 테두리와 네 기둥은 중고 건축 자재 상회에서 덤으로 구해온 자재를 사용하였다. 연결 부위는 나사못으로 촘촘히 박아 고정하고 애들이 오르내리기 쉽도록 계단까지 만들어 놓았다. 마지막으로 바닥에 구멍을 뚫고 거기에 제법 굵은 수도꼭지를 달아 배수할 수 있도록 하였다.

이렇게 해서 미니풀장 하나가 완성되었고, 잘려나간 물탱크 윗부분은 밭 한구석에 쌓아놓은 퇴비 더미 덮개로 활용 중이다.

그다지 크지 않은 초미니 풀장이지만 차가운 지하수로 가득 채우고 몸을 맡기면 온몸이 바스러질 듯한 차가움을 느낄 수 있다.

간혹 남편은 흐르는 땀방울을 식히기 위해 미니수영장에 맥주를 담가놓고 들어가 마시며 나를 유혹하지만 난 겨우 발만 담글 뿐 얼음장 같은 물속에 더 이상 빠져들지 못한다. 발을 담그기만 해도 온몸은 한기가 전해져 오싹함을 느끼기 때문이다.

아침을 먹고 마을 어귀의 시냇가로 놀러 갔던 아이들이 돌아와 풀장에서 물놀이를 즐기느라 야단법석이다. 아이들은 추운 줄도 모르고 저마다 신이 나서 다이빙까지 해가며 물놀이에 흠뻑 빠졌다.

이렇게 조금씩 변화된 농장에서 여름 한낮 불볕더위를 식히며 쉴 수 있고 아이들에게는 즐거움과 추억거리를 만들어 줄 수 있어 참으로 다행스러운 일이다.

미니 수영장에서 들려오는 떠들썩한 소리를 들으며 나는 동서와 함께 방 안에서 커피 한 잔의 여유를 즐긴다. 무심코 창밖을 바라보던 동서가 놀라며 소리를 지른다. 순간 농작물 사이로 길게 스쳐 지나가는 그 무엇이 내 눈에 들어온다. 얼른 보아도 길이가 두 자가 넘어 보이는 큰 뱀이다.

평소 겁 많은 나로서는 놀라지 않을 수 없는 소름 끼치는 광경이었다. 너무도 놀란 나머지 바들바들 떨리는 몸을 움켜쥐고 한참을 서 있을 수밖에 없었다.

비명에 달려온 남편은 대수롭지 않은 듯 태연함을 보이며 재빨리 쇠스랑을 들고 다가가 뱀을 제압했다. 이어서 시동생이 뱀을 자루에 담아 어디론가 사라졌다가 이내 빈 자루만 들고 되돌아왔다. 내가 뱀을 해치지 말고 그냥 멀리 내다 버리라고 당부했기 때문이다. 비록 뱀을 무서워하고 가까이할 수는 없는 입장이지만, 누구에게도 살아있는 생명을 거둬들일 권리가 없으려니와 자연을 아끼고 자연에서 숨 쉬는 내가 자연을 해칠 수는 없지 않는가.

갑작스러운 불청객의 방문 때문에 또다시 뱀이 나타날 것을 걱정하고 있는 나에게 남편은 제법 그럴듯한 이론을 펴놓는다. 뱀은 스스로 체온조절을 하지 못하지 않느냐. 뱀은 주로 여름철에 활동하는데, 여름철 태양에 달궈진 자갈밭에는 뱀이 접근하지 않는다는 것이다.

그 후 건물 주위엔 더 많은 양의 자갈들이 자리를 차지하게 됐다.

남편의 판단이 맞아떨어진 것인지는 모르지만, 그 후로는 다시 뱀을 볼 수 없었다. 그렇지만 나는 항상 긴장을 하지 않을 수 없었다.

한여름인데도 주말농장은 해가 질 무렵이면 가득했던 열기마저 한순간에 사라지고 시원함을 느낄 수 있다. 이는 푸른 나무들과 흙으로만 채워진 자연 속 공간에서만 누릴 수 있는 행복이 아닐까 생각한다. 도심에서는 밤늦도록 열대야에 시달릴 터이지만.

태양은 서쪽 하늘을 향해 바삐 달리고 해거름이 되면 우리는 자동으로 하던 바깥일을 멈추고 저녁을 준비한다.

잠들기 전, 남편은 유달리 무서움이 많은 인호를 위해 담력훈련을 하잔다.

캄캄한 폐교를 탐험하기로 한 것이다.

폐교는 이 마을 초등학교가 있던 곳으로 우리 농장에서 그리 멀지 않은 마을 입구에 자리하고 있다.

나를 닮아서인지 겁이 많은 인호는 아빠 손을 꼭 잡고 플래시 불빛에 의지한 채 어둠을 주시하며 뭐가 나올까 봐 마음 졸이며 걷기 시작했다.

캄캄한 밤, 시골길은 어둡기만 한데 맑은 하늘 아래 어렴풋이 비치는 달빛은 앞을 보기에 충분했고 간간이 서 있는 가로등 불빛은 유난히 밝게 느껴졌다.

적막함이 더해 무섭기까지 한 폐교는 무성한 잡초만이 운동장을 차지하고 있고 건물 안 교실 구석구석에는 마을 사람들이 농작물을 말리기도 하고 보관하는 장소로 사용하고 있었다.

폐교되기 전 아이들이 사용하였을 칠판엔 폐교 후 모교를 찾은 사람들이 남긴 글귀들로 여기저기 새겨진 채 추억을 남겼고, 나무로 된 나지막한 책상과 의자들은 비록 나의 모교는 아니지만, 가슴 찡하게 와 닿는 어릴 적 나의 모습을 떠올리게 했다.

다음날 아이들은 밤에 다녀온 폐교를 다시 가보고 싶어 했다.

아침을 먹고 가서는 점심때가 되어도 폐교 건물 안에서 나오질 않았다. 칠판에 낙서도 하면서 흩어진 의자들을 가지런히 모아 놓고 나름 신이 나 있었다.

그 후로도 아이들은 폐교를 찾는 일이 많아졌고 당분간 다른 용도로 사용될 때까지 그 폐교는 아이들에게 또 다른 아지트가 될 것 같다.

그리고 생각했다. 잘해주는 부모보다 잘되게 지켜봐 주는 부모. 나의 욕심과 생각보다 우리 아이들의 생각을 존중하며 잘되길 바라기보다 좋은 환경을 만들어 주겠다고….

Step 12

드라이브 코스로도 손색이 없는 주말농장 가는 길

한가로운 주말 아침.

아이들을 학교에 보내놓고 차 한잔을 마시려는데 남편이 드라이브 가자고 한다.

생각 없이 부랴부랴 챙겨 입고는 차에 올라타자마자 어디로 가냐고 물었더니 농장으로 가자는 것이다. 아마도 남편은 후덥지근한 열기에 후끈거리는 도시를 벗어나고 싶은 모양이다.

어느덧 작은 농장이 드라이브 코스가 되어 틈만 나면 몸과 마음은 자연을 향해 달린다.

탁하고 습한 한여름의 열기와 매연이 자욱한 도심에서는 에어컨 없이는 한시도 달릴 수 없다. 그러나 이런 저런 얘기들과 함께 한참을 달려 고속도로 요금소를 빠져나오면 우리는 어김없이 창문을 내린다. 순간 느껴지는 맑은 공기의 시원함이란….

문득 정치적 역경 때문에 오랜 기간 교도소 생활 후 한 나라의 대통령에 오른 외국의 어느 저명인사의 말을 남편에게 들었다.

"공기가 참 맛있다."라고.

교도소 문을 나서자 첫 느낌을 묻는 기자들에게 한 말이란다. 그 말이 지금 새삼스레 내 가슴에 와 닿는다.

도심 생활로 인해 땅 내음을 직접 경험하지 못했던 나는 공기의 그 맛을 이제야 알 것 같다. 어쩌면 단순한 느낌으로만 그런 것인지는 몰라도, 어쨌든 나는 도심 공기와의 실질적인 차이를 인정하고 싶다.

2차선 도로를 얼마간 달리다 보면 왼쪽엔 제법 큰 강물이 흐르고 오른쪽 산 아래에는 옹기종기 모여 있는 작은 촌락들이 나타난다.

한적한 도로 위를 굽이굽이 지나면 콘크리트로 포장된 거친 도로를 달리게 된다. 그때 전해오는 자동차의 울렁임마저 정겹다.

이따금 트럭이나 경운기가 마주 올 뿐 오가는 차도 드물어 한적한 곳이다.

더러는 드라이브를 즐기는 사람들이 길을 내주지도 않으면서 최소한의 속력으로 길을 막고 선 차량도 있기는 하다.

그리고 이렇게 한적한 도로를 달리다 보면 화려하게 잘 지어진 별장을 간혹 볼 수 있다. 그렇지만 대부분 집만 화려하게 잘 지어 놓고는 사람의 흔적이라고는 찾아볼 수 없다. 마치 주인을 기다리며 외로움에 지쳐있는 집들처럼 보인다. 그럴 때마다 남편과 나는 이런 얘기를 주고받는다.

"저렇게 집을 예쁘게 지어 놓고도 왜 주인은 자주 찾지 않을까. 우리처럼 손수 땀 흘려 마련한 공간이 아니라서 애착이 덜 하나 보다."
라고….

비록 초라하지만 구석구석 주인의 손길이 머무는 따뜻함이 느껴지
는 곳 우리의 소중한 아지트가 더 값지지 않을까 하고 자신을 위로해
본다.

농장을 가꾸기 위해 나는 이곳저곳을 여행하면서도 보이는 모든 것
을 하나의 그림처럼 머릿속에 차곡차곡 저장해둔다.

반쯤 썩은 고목에서 피어난 야생화, 멋진 저택에 자리를 틀고 있는
우리나라 소나무, 시골집 담벼락에 걸린 담쟁이덩굴, 평범한 주택의
담장을 넘나드는 석류나무 등 무엇 하나 예사로 보아 넘기는 법이 없
다.

나에게는 눈으로 보는 것만으로도 즐거움의 대상이자 우리 농장에
그려질 의미 있는 그림들로 전시될 것이기에 더 관심을 가진다.

출발하면서 끼워 넣은 시디 음반의 마지막 곡이 울릴 무렵 산길을
막 올라 모퉁이를 돌고 나면 저절로 마을 옆 산 아래에 눈길이 멈춘
다. 멀리 우리네 아지트가 마치 병풍 속의 한 폭 그림처럼 펼쳐져 있
기 때문이다.

이때 마을을 둘러싼 산 능선을 따라 눈을 돌리면 산 끝자락을 붙잡
고 흐르는 큰 강줄기를 볼 수 있고, 마을 한쪽 고요히 자리 잡은 아지
트가 우리를 반겨준다.

동네를 들어서기 직전, 길 아래의 경사진 전망 좋은 곳에서는 오래
전부터 시작된 공사로 오가는 길에 늘 시선을 끌며 여전히 공사가 한

창이다.

처음엔 컨테이너 여러 개가 놓여 있더니 통나무 무늬의 외벽이 만들어지고 지금까지도 계속되는 공사에 무척이나 궁금했는데 모처럼 시간도 있고 해서 남편과 함께 들렀다.

주말농장을 하는 부부가 직접 집을 지으며 농사를 짓고 있었다. 주말에만 찾아와 손수 집을 짓느라 시간이 많이 걸렸나 보다.

여전히 미완성된 집이지만 주인의 손때가 묻은 집안은 구석구석 쓸모 있게 잘 지어져 감탄사가 절로 나왔다.

뜻이 있으면 길이 있다고, 그 집 주인도 처음 해보는 작업이라고 했는데 대단한 재주를 가진 분이라는 생각이 들었다. 우리는 작업에 방해될까 봐 짧은 대화를 마치고 서둘러 통나무집을 빠져나와 발길을 재촉했다.

어느새 드문드문 심어둔 잔디밭에선 온통 푸르게 변해 빈틈이 없고 독특하게 진한 향기를 내뿜고 있는 로즈메리, 천리향, 거자나무 꽃과 단풍이 예쁘게 드는 철쭉, 남천, 바위솔 등 내가 좋아하는 식물들이 화단을 가득 메우고, 무성하게 자란 야채와 과실수는 숲을 이루고 있었다.

틈만 나면 크기를 가리지 않고 모아둔 돌들은 푸른 공간과 멋진 조화를 이루고, 뱀의 접근을 차단하기 위해 집 주위와 다섯 평 남짓한 야외 테이블용 공간에 깔아놓은 시원한 자갈들도 깔끔하고 산뜻하게 와 닿는다.

가지치기로 버려진 가지들도 땅에 잘 꼽아두면 뿌리가 내려 한 그루 나무가 된다는 사실을 알고 지난봄에 꽂아놓은 사철나무는 어느새 나지막한 울타리로 변해 있다. 여름에 꺾꽂이한 피라칸타는 아직 뿌리가 내리지 않은 상태라 무럭무럭 자라기만을 기다려 본다.

뿌리 없이 꺾꽂이했기 때문에 그 높이가 아직 바닥을 기는 수준이지만 기대된다.

머지않아 무성하게 자라 아늑한 울타리가 되어주길 바라면서….

드라이브 삼아 잠시 다녀간다지만 우리는 눈으로 보는 것만으로는 만족을 느낄 수 없다. 그래서 뭔가 주인의 정성과 흔적을 남기고 싶은 마음에 일거리를 찾는다.

오늘은 특별히 준비해 온 것이 없어 밭과 화단의 잡초들을 뽑아주어 식물들이 조금이라도 더 편히 숨을 쉴 수 있게 해주기로 했다.

웬만한 야채와 과일이 자라고 있어 시장을 가지 않아도 여름 먹을거리는 걱정이 없다.

우리는 늘 그랬던 것처럼 소박하게 차린 공깃밥에 주렁주렁 달린 고추와 토종오이 한 개를 툭툭 잘라다가 출출한 배를 채우고는 또다시 잠깐의 이별을 맞이한다. 이렇듯 의미 있는 드라이브를 또다시 기약하면서….

Step 13

수확의 계절, 농부의 풍요로움을 배우다

대추를 수확할 시기가 되어 가는데도 여전히 한낮 더위가 기승을 부리던 어느 무더운 날.

명절에 쓸 대추를 미리 따려고 친구 민영이와 함께 아지트를 찾았다.

이해심이 많으며 야무지고 매사 열심히 살아가는 민영이는 전원생활을 좋아하고 나와 함께 주말농장을 자주 들러 간단한 체험을 하곤 한다.

가을 햇살이 몹시 따갑고 여름철 한낮 더위만큼이나 열기로 가득한데도 두 사람은 아랑곳없이 대추 따는 일에 몰두했다.

대추 따는 일이 보기엔 쉽고 재미있어 보이지만 생각보다 쉬운 일만은 아니다. 대추가 한꺼번에 모두 익거나 끝물 수확이라면 나무를 흔들거나 막대기로 두들겨 주위 담으면 되지만, 초기 수확 때 익은 것만 선별해서 따기란 여간 어려운 일이 아니다. 익은 것들만 골라 일일이 손으로 따다 보면 장미 가시보다 더 지독한 가시에 찔려 베인 상처보다도 더 쑤시고 아리는 고통을 참아내야 한다.

나는 대추를 따다가 유난히 거추장스럽게 느껴지는 대추나무 한 그루를 발견하고는 망설임 없이 농기구 함에서 톱을 꺼내 들었다.

불규칙하게 들어선 대추나무 사이를 일구어 여러 가지 작물을 재배하기 때문에 그사이에 자라나는 농작물의 피해를 줄이고 무엇보다 밭을 효율적으로 이용하기 위해 그 대추나무를 베어내기로 한 것이다.

이곳 대추나무들은 대부분 수령이 15~20년 정도 되는 것들이라 제대로 관리되지 않은 나무들은 큰 가지가 옆으로 처져 있는 것들이 많다. 어떤 것은 옆 나무와 엉클어져서 사이사이를 지나다니며 잡초 제거 등 밭일을 하는데 자주 훼방을 놓기도 한다.

그런 이유로 나무 사이에서 밭일을 하던 남편은 느닷없이 고통스러운 소리를 지르곤 하였다. 가끔 나무 밑에 쪼그린 채 일하다 무심코 일어서며 허리를 펴다 아래로 처진 가지나 그루터기에 머리를 찍히고 어깻죽지에 상처를 입힌다.

이럴 때 남편은 "이것 봐라. 아직도 내 성질을 잘 모르네." 하면서 씩씩거리며 톱으로 가지를 잘라버린다. 그러나 멀쩡하게 대추가 열린 나무를 통째로 잘라내는 일은 하지 않는다.

처음엔 나도 남편의 그런 모습을 보고는 왜 아까운 나뭇가지를 애써 잘라내느냐며 안타까워한 적이 있다.

그런데 오늘은 내가 똑같은 톱을 들고 밑동째 힘겹게 베어내는 일로 열을 올린 것이다. 한참 만에 크나큰 나무가 옆으로 맥없이 꼬꾸라지는 것을 보고는 민영이가 깜짝 놀라며 한마디 했다.

"아까운 대추나무를 왜 베어내는데? 대추도 많이 열리고 좋구먼…."
하며 몹시 아쉬워했다.

그동안 내가 나무 잘라내는 일을 하는 남편을 이해하지 못했던 것
처럼 이젠 내가 남편과 같은 행동을 하고 내 친구가 나의 그런 행동
을 이해하지 못한다.

결국 농작물을 위해 또 다른 농작물이 희생된 것이다. 이래서 모든
일에는 훗날을 위하여 처음부터 철저한 계획을 세워 시작해야 하는
가 보다. 농작물이 이러할진대 하물며 우리네 삶이야 어떻겠는가.

민영이와 둘이서 정신없이 대추를 따고 이런저런 일로 가을 햇볕에
두 볼이 벌겋게 달아올라 있었다. 우리는 차가운 지하물로 팔과 다리
에 쏘아대며 잠시 더위를 날려 보냈다.

모든 작물들이 그렇듯이 가꾸는 일 못지않게 수확하는 일 또한 그
리 쉬운 일만은 아닌 것 같다.

이렇게 힘들게 딴 대추들을 마루에 펼쳐놓고 빠른 손놀림으로 선
별하기 시작했다. 선물용으로 쓸 것과 생대추로 먹을 것 그리고 말려
서 사용할 것 등 나름대로 기준을 잡아 나누는 것이다.

굵고 예쁘게 생긴 놈들은 적당한 비닐 팩에 나누어 담아 선물용으
로 사용하고, 작고 볼품없는 것들은 언제나 우리 차지다.

문득, 농사짓는 사람들 대부분이 보기 좋고 먹기 좋은 농작물은 모두 내다
팔거나 선물하고, 마지막 남은 볼품없는 것들만 먹게 된다는 말이 생각났다.
땀 흘려 뿌리고 키워서 수확하는 사람들이 양질의 제품을 소비하지
못하다니 이런 아이러니한 일이 어딨겠는가. 목수 집에 비 샌다는 속

담이 맞는 것 같다.

　농사로 생계 수단으로 하는 분들이야 금전적 이익을 위해 어쩔 수 없다지만, 손바닥만 한 텃밭에서 수확한 작물인데도 좋은 것만 골라 받을 사람을 생각해서 나눠주는 또 다른 기쁨만을 생각하니 말이다.

　대추를 골라내며 생각이 이쯤에 미쳤을 때, 갑자기 집에 있는 아이들이 생각난다. 집을 나서면서 밥 잘 챙겨 먹고 출근하면 간식 사 먹으라며 천 원짜리 두세 장 놓고 온 것이 떠올라 아이들이 사 먹었을지도 모를 먹거리가 궁금해졌다. 우리 아이들이 밖에서 사 먹는 음식들도 나 같은 마음으로 만들어진 것들일까. 식재료를 직접 재배한 사람이 그 음식을 만들었다면 틀림없이 최상품의 재료들만 골라서 만들었을 텐데….

　이 작은 농장으로 인하여 나눠주고 기뻐하며 흐뭇해하는 여유로운 농부의 마음을 나도 조금은 알 것 같다. 이런 아름다운 농부의 마음은 느껴보지 않으면 알 수 없는 일인 것을….

　넉넉함과 낭만이 감동으로 와 닿는 이곳 생활이 나는 무작정 좋다.

　부딪히는 크고 작은 일에 스트레스를 받거나 세상과 경쟁하면서 자신을 괴롭히는 일을 하지 않아도 되는 시골생활을 꿈꾸며 나는 오늘도 자연 속에서 여유를 배운다.

바람이 불면 바람을 따라 흔들리고

비가 오면 그 비 맞으며

때론 강한 바람에 부러지기도 하지만

이 또한 어쩔 수 없는 현실이다

나무는 때가 되면

싹을 틔워 살아있음을 증명하고

나무는 때가 되면

꽃을 피워 행복을 알려주고

나무는 때가 되면

열매를 맺어 자신의 소중함을 가르쳐준다.

나무는 때가 되면….

옆집 불빛만 봐도 이웃사촌의 정을 실감한다

깊어가는 가을. 수확의 계절이다.

이런 계절에는 풍성한 가을을 나누는 재미와 넉넉함이 함께한다.

언제나 내 곁에서 심부름과 허드렛일로 몸을 아끼지 않고 나를 도왔던 아들 인호는 처음 맛보는 수확의 기쁨에 신기해하고 즐거워한다.

얼마 전에 옮겨 놓은 배추 모종은 자리를 잡아 하루가 다르게 자라며 김장배추로서의 위엄을 풍긴다.

남편은 배추밭에 쪼그리고 뭔가를 하고 있다. 유기농을 고집하며 손으로 배추벌레를 열심히 잡고 있다. 나에게도 배추벌레 좀 잡아보라고 하지만 벌레라면 질색하는 나는 오히려 기겁하고 근처도 가지 않는다. 그런 날 보고 남편은 기막혀한다.

농장에만 오면 남편은 한시도 몸을 놀리지 않는다.

배추벌레 소탕 작전을 끝내고는 삽과 괭이를 들고 밭을 일군다. 남편이 하는 일 중에 내가 가장 맘에 드는 일은 밭 일구는 일이다. 돌을 수확할 수 있기 때문이다. 오늘도 나는 돌덩이들을 거두기 위해 남편 뒤만 졸졸 따라다닌다.

참으로 알 수 없는 일이다.

이곳은 땅을 파기만 하면 많은 돌이 나온다. 나에겐 일석이조의 소득이지만….

큼직한 돌들은 나름 공간을 분리하는 경계를 만드는 데 쓰고, **조약돌마냥** 작은 돌들은 사람이 많이 다니는 곳에 깔아서 풀들이 자라지 못하게 하고 비가 와도 질퍽거리지 않도록 깔끔하게 깔아둔다.

어디 그뿐인가. 가지치기로 버려진 나무들은 땔감으로 사용되고, 무성하게 자란 풀들은 베어서 밤에 모기나 벌레들을 쫓는 데 유용하게 사용된다. 천연 땔감과 모기향으로 쓴다.

이렇듯 이곳에서 나오는 모든 것은 어느 것 하나 버리지 않고 귀중한 자원으로 사용되는 것이다. 이래서 나는 풀냄새 향긋하고 흙 내음 고소한 이곳이 언제나 정겹기만 하다.

아이들은 세제를 푼 물통에 이불을 넣어, 신나게 밟으며 씻은 다음 힘겹게 비틀어 짜고선 햇살 좋은 곳에 늘어두는 특별한 체험을 즐긴다.

벌레를 보면 나처럼 놀라 도망치던 아이들도 이젠 벌레에 대한 존재를 당연시하며 우리가 먹는 음식물의 출처와 성장 과정을 자연스레 알게 된다.

우리가 이렇게 깊어가는 가을에 취할 무렵.

드디어 외딴 우리 농장에도 이웃이 생겼다. 나란히 자리한 옆 밭에서 농장을 함께 시작한 영남 언니의 자그마한 조립식 집이 완성된 것이다.

같은 아파트에 살며, 자주 만나 가족 외식도 함께 해오던 언니네 식구들이지만 여기 외딴곳에서까지 이렇게 이웃으로 만나게 되다니.

아직은 뙤약볕이 남아 있는 늦은 오후.

모두 다슬기를 잡아오겠다며 강으로 길을 나섰지만 난 혼자 남아 밭 여기저기 뒹구는 작은 돌멩이를 주워 집 주위에 까는 일로 하루를 채운다. 사람들은 이런 나에게 가끔 농작물에나 신경 쓸 일이지 엉뚱한 일에만 애를 쓴다며 부질없는 일로만 생각한다. 물론 나와 뜻이 맞는 이가 있어 가끔 나에게 용기를 주기도 하지만….

어느새 돌 채우는 일이 거의 끝날 무렵 해는 서산에 걸리고 강으로 갔던 가족들이 제법 많은 양의 다슬기를 잡아왔다.

영남 언니네와 함께 장작불을 지펴놓고 친정에서 가져온 가마솥 뚜껑에 삼겹살을 올리자 금방 지글거리며 익어간다. 한 조각 꺼내 들어 입에 넣으니 분위기도 있지만, 맛 또한 일품이니 더 뭘 바랄까.

이웃과 함께할 공동 작업과 내년 봄에 심을 농작물 이야기로 우리는 가을밤의 정취와 달빛 아래 술잔을 곁들이면서 많은 이야기를 나눈다.

문득 영남 언니가 가을 밤공기에 취했는지 신랑한테 연신 잔소리를 늘어놓는다. 잔소리라 해봐야 농장에서의 일에 관한 것이다. 그런데 내가 보기엔 힘든 일은 아저씨가 도맡아 하는데…. 그래도 여자들의 신랑에 대한 잔소리는 천성인가 보다. 혹시 나도 그런 모습을 보여 왔던 건 아닌지 좀 머쓱해진다.

이렇게 언니네 가족과 함께 농장에서 하룻밤을 보내며 나는 앞으로의 계획들로 마음이 설렌다. 마치 복권을 사서 당첨될 날을 기다리듯 뿌듯하다. 손에 가진 건 없어도 꿈과 희망 때문에 "마음만은 부자다."라는 말이 나를 두고 한 말인 것 같다.

더욱이 외로운 섬처럼 사방이 밭으로 둘러싸여 혼자 된 작은 집에도 이제는 든든한 이웃이 생겨 가을밤의 외로움을 털어버릴 수 있을 것 같다. 깜깜한 하늘 아래 오직 불빛 하나 외톨이마냥 고요히 흐르는 적막함. 이제는 그 불빛과 나란히 자리한 또 다른 불빛이 비치기 시작한 것이다.

이후 나는 농장을 찾을 때마다 바로 옆에서 모락모락 피어오르는 하얀 연기를 바라보며 이웃에 대한 반가움과 소중함을 실감하며, 우리는 평소 먹는 반찬에 수저 하나 더 올리는 것만으로도 이웃사촌의 정을 만끽하고 있다.

오늘도 나는 땀 흘리며 농장 일에 열심이다.

"유진아! 찌짐 먹으로 온나. 다 되었다."

언니가 목청 높여 손짓하며 나를 부른다.

"그래. 알았어…!"

Step 15

체험학습 온 아이들과 선생님의 즐거운 추억 보따리

하늘이 한 점 티 없이 맑아 유난히 높아 보이는 토요일 오후.

초등학교 6학년인 딸 유진이는 학교 담임선생님과 함께 야구 관람을 가기로 한 날이다.

젊고 엄격하시면서도 자상하신 선생님께서는 반 학생 중 평소 학교생활에서 칭찬을 많이 받은 학생들 몇 명에게 야구경기를 보여주시기로 하였다고 한다.

남편과 난 친정에서 쓰고 남은 타일을 가져와서 샤워장을 꾸미기로 하였다.

부푼 마음으로 타일을 차에 옮겨 싣고 백 시멘트를 구입한 후 막 농장으로 출발하려던 순간 선생님으로부터 한 통의 전화가 걸려왔다.

오늘 학생들을 데리고 이곳 농장으로 체험학습을 오겠다고 하신다.

학생들과 야구장 가기로 하셨다는 선생님이 갑자기 우리 농장으로 체험 학습을 오시겠다는 연락에 적잖이 당황스러웠지만, 이제 손님을 치르는 일에 익숙해져 있고 제대로 갖춰진 것이 없는 자연 속이라 조금은 소홀해도 모자람이 묻힐 것 같다는 생각에 망설임 없이 받아들였다.

농장으로 가는 길에 아이들이 좋아할 간단한 간식거리와 저녁에 먹을 고기를 사서 서둘러 농장으로 향했다.

가져간 타일과 짐들을 내려놓고 어느 때처럼 늘 하던 밭일을 대충 마무리하고 있을 때쯤 선생님께서 다섯 명의 학생들과 함께 도착하셨다.

간단한 다과를 끝낸 후 아이들은 큼직한 고구마를 호미로 캐내고 땅콩 줄기를 쑥 뽑아 올릴 때면 주렁주렁 따라 올라오는 땅콩을 보면서 모두 신기해하고 즐거워했다.

유진이에겐 낯선 일이 아니지만, 친구들과 함께하는 체험이라 그런지 유진이도 어느 때보다 더 신이 나 보인다. 야, 이건 그냥 뽑기만 하지 말고 호미로 땅을 파내면 더 나온다며 이따금 친구들에게 훈수를 두기도 했다.

선생님께서는 아이들의 그런 모습을 옆에서 부지런히 카메라에 담았다. 훗날 선생님께서도 오늘의 이 사진들을 보며 학생들과의 이런 시간을 추억하며 즐거워할 수 있었으면 좋겠다.

처음엔 대추를 꺼리는 아이들이 저마다 맛을 보고는 너무 맛있다며 미니 사과라는 별명까지 붙여가며 이전에 먹어본 대추와 맛이 다르다고 한마디씩 해댔다.

이곳은 밤과 낮의 기온 차가 아주 심하므로 사과뿐만 아니라 대추 등 모든 과일의 당도가 높아 대추를 과일처럼 생으로도 먹는다. 이 고장에서 생산된 대추를 먹어본 사람들은 그 맛의 차이에 모두 놀란다.

친구들이 캔 고구마와 땅콩을 각자에게 나누어주기 위해 조금씩

봉지에 담는 동안 선생님께서는 아이들을 데리고 마을 구경을 가시더니 한참 후에 돌아왔다.

남편과 시동생이 손수 만든 초미니 풀장에서 학생들이 때늦은 물장난을 치며 즐거워하는 동안 짧기만 한 하루해가 또 저물어갔다.

남편이 가마솥 뚜껑에 고기를 굽기 위해 장작을 태워 숯을 만드는 동안 남자 아이들은 도심에서 흔히 볼 수 없는 장작불을 보면서 불장난과 함께 즐거워했다.

고향 마을 폐교에서 쓸모없게 된 책상 2개를 야외 테이블로 사용하고 있는데 어김없이 저녁 시간이 되면 등장하는 야외용 테이블과 의자를 준비해 놓고 여러 가지 야채와 구수한 된장국을 준비하는 동안 여자 아이들은 나를 도와 음식 나르는 일을 도왔다.

아이들은 모든 게 맛있다며 새로운 환경에 즐거워했다.

간단히 고기만 구웠을 뿐 별 찬도 없이 장만한 저녁 식사인데도 선생님과 아이들이 맛있게 먹어 주어 다행스럽고 얼마나 고마운지 모르겠다.

다음날, 주말농장을 다녀간 학생 중 두 명의 학부모로부터 뜻밖에 감사의 전화를 받았다. 시골생활을 한 번도 접하지 못했던 아이가 이곳에서의 즐거웠던 이야기를 많이 했나 보다.

더불어 가져간 고구마와 땅콩도 맛있게 잘 먹었다며 다음에 기회가 된다면 가족들과 함께 꼭 한번 방문하고 싶다는 인사를 남겼다.

시간과 비용을 아끼지 않고 학생들에게 많은 경험과 추억을 만들어 주신 선생님께 감사드리며, 선생님의 기억 한편에도 즐거운 추억의 보따리로 남았으면 하는 바람이다.

Step 16

버려진 보도블록을 깔고 야외 테이블을 만들다

 낙엽이 하나둘 만들어진다. 붉은 잎, 노랑 잎….

 농장의 **초록이**들은 기어이 단풍으로 물들고 김장용 배추와 무만이 푸름을 자랑한다.

 오늘은 김장 채소 돌보는 것 말고는 분주하게 서두를 일이 없다. 이런 한가한 틈을 타 야외용 테이블을 한번 만들어 보기로 하였다. 물론 직접 만들지는 못하고 남편의 손을 빌려야 한다.

 필요한 자재를 사기 위해 멀리 김해에 있는 어느 건축 자재상을 찾았다. 3미터가 넘는 자재는 우리 차로 실어 나를 수가 없어 1톤 트럭을 가지고 있는 남편 친구 동칠 씨에게 부탁하여 자재 판매하는 곳에서 만나기로 하였다.

 아직 도착하지 않은 친구 분을 기다리며 가게 여기저기를 둘러봤다. 집을 짓거나 인테리어에 필요한 모든 재료들이 한곳에 모여 있는 곳이 있었다.

남편이 필요한 재료를 고르는 동안 호기심 많은 난 이곳저곳 진열된 자재들을 둘러보면서 이것들을 이용해 필요한 건 뭐든지 손수 만들어 보고 싶은 충동을 느꼈다.

못 만들 것이 없을 정도로 참으로 다양한 자재들, 모든 건축 자재가 갖추어져 있다. 유행에 뒤질세라 눈부시게 화려하고 질 좋은 고품격 자재들까지도 웬만한 건 다 갖춰져 있다.

초보자를 위한 배려인지 편리하고 간편함도 생각하여 만들어진 자재들도 많았다.

잠시 자판기 커피를 마시면서 매장 밖으로 시선을 돌리는 순간 한쪽 모퉁이에 잡다한 목재들이 눈에 들어왔다. 건물에 사용되었다가 유행이 지나 철거해둔 목재들이다. 야외 건축물에 쓰이는 방부목도 섞어있었다. 그냥 지나칠 내가 아니다. 그 가게에서 일하시는 아저씨께 판매할 물건인지, 버릴 거면 우리가 가져가면 안 되냐고 물었다. 못 자국이 나 있어서 상품으로는 쓸 수가 없으니 필요하면 가져가란다.

아저씨의 그 말에 어찌나 반가운지 구입한 자재를 실은 화물차에 남김없이 모두 다 실었다. 그렇게 해서 가져온 목재들이 필요해서 산 자재보다 양이 더 많았다. 물론 동칠 씨가 가져온 화물차가 있었기에 가능한 일이었다.

옻닭을 무척 좋아하고 즐겨 먹는 동칠 씨는 농장에 도착하자마자 기다렸다는 듯이 가마솥에 물을 붓고 미리 가져다 놓은 옻나무를 잘라 넣고 불을 지폈다.

옻닭 생각이 간절하여 먼 이곳까지 자재운반을 돕겠다고 따라나선 것이다. 두 사람이 밤새 불을 지피면서 우러나는 옻 물을 홀홀 마시는 동안 가져간 소주는 어느새 동이 나버렸다. 나는 다음 날 만들어질 야외 테이블을 기대하며 먼저 아이들과 잠을 청했다.

또 새날 새 아침을 맞았다.

아침을 챙겨 먹고 남편과 동칠 씨는 테이블 만들기 프로젝트를 실행에 옮겼다. 꼼꼼한 남편이 인터넷을 통해 입수한 테이블 도면을 보면서 자르고 구멍 뚫고 뚝딱뚝딱 못질하자 제법 그럴듯한 모양새가 갖추어졌다. 도면을 보면서 작업을 한다지만 그래도 사용할 사람이 편히 쓸 수 있어야 한다면서 아직은 엉성한 테이블에 앉아 보란다. 크게 불편함을 느끼지 못해 그냥 이 높이대로 완성하면 되겠다고 하였더니 이내 완성이 되었다.

완벽한 작품이 만들어졌다. 시중에 판매되는 제품과 견주어도 손색이 없을 만큼 훌륭한 작품이 탄생하였다.

설계도면과 똑같이 멋진 작품을 완성한 후 남편은 스스로 흐뭇한 듯 이렇게 말했다.

"와, 돈 주고 산 자재는 10센티미터도 안 남았네."

무슨 말인가 싶어 작업장 주위를 둘러보니 테이블 다리 등 모서리에서 자투리로 잘려 나온 것들 말고는 온전한 자재 토막이 하나도 보이질 않았다.

집에서 간단한 뭔가를 만들려고 해도 작업을 하다 보면 이런저런 재료나 장비가 모자라 허덕이기 일쑤인데, 어느 것 한 가지라도 없으면 멀리 시내까지 나가서 구입해 와야 하는 상황인데 부족한 장비나 빠진 재료 없이 일사천리로 작업이 이루어진 것이다.

남편은 이런 작업을 한 번도 해보지 않았을 텐데, 미리 꼼꼼하게 모든 도구와 필요한 부품을 준비해 온 남편이 믿음직스러워 보이고 같이 수고해준 동칠씨에게도 고마울 따름이다.

이후 덤으로 가져온 방부목으로는 마루의 투박한 철제 사각기둥을 감싸는 데 사용하였고, 내가 좋아하는 긴 의자를 손수 만들어 마루에 올려놓고 거기에 걸터앉아 커피를 마시곤 한다.

이곳의 물건이나 시설들은 대부분 주변에서 관심만 가지면 쉽게 얻을 수 있는 물건들을 재활용한 것들로 노력과 관심에서 만들어진 값진 작품들이다. 나는 무엇이든 눈에 띄면 저게 나한테 어디 필요한 곳이 없을까 하고 고민 아닌 고민을 한다. 이렇게 관심만 가진다면 의외로 필요한 재료를 쉽게 구할 수 있기 때문이다.

농장을 마련한 후 얼마 되지 않은 때였다.

평소 멀쩡한 인도를 파헤쳐 새 보도블록을 설치하는 공사를 많이 보곤 했는데, 그렇게 버리는 보도블록을 농장에 깔아두면 편리할 것 같다는 생각이 들었고 기회가 되면 꼭 가져다가 농장에 사용해야겠다고 마음먹었다.

마침 기회가 왔다. 어느 어수선한 동네를 지나다 보도블록 교체 공사현장을 목격했다. 마침 트렁크에 짐도 없겠다 차를 세우고는 공사장에서 일하시는 분께 파낸 보도블록 버릴 거면 실어가도 되느냐고 물었더니 흔쾌히 허락하신다.

우리 차가 겨우 건뎌낼 만큼 뒤 트렁크에 잔뜩 실었다. 길 가다 돈을 주워도 그렇게 기쁠까? 버려질 보도블록을 차에 가득 싣고는 부자가 된 기분이었다. 그 보도블록들이 지금 이곳 야외 테이블 아래 바닥을 다소곳이 지키고 있다.

재활용은 곧 재생산이다.

❦ 옻 음식 만들기

옻 음식은 닭백숙 등에 옻나무를 함께 넣어 조리한 음식이며, 옻나무는 자체에 독특한 향

은 없으며, 우리나라 산야에 널리 분포해 있다.

옻 음식을 섭취하면 동의보감 등 문헌에 나타난 효능 외에도 위장을 튼튼하게 해주는 효

능이 있다고 하는데 체질에 따른 차이도 있을 것이다.

피부가 민감한 사람들이 옻나무에 접촉하거나 수액을 만지면 피부에 붉은 반점이 생기고

심하면 좁쌀 크기의 물집이 생겨 가려움증을 유발한다. 피부 알레르기인 셈이다. 따라서

옻 알레르기가 있거나 민감한 피부를 가진 사람이라면 옻 음식 섭취에 주의해야 하며, 약

을 처방받아 미리 복용하면 어느 정도 예방이 가능하다.

① 옻나무를 적당한 길이로 잘라 물로 깨끗하게 세척한다. 생옻이든 건조 상태의 옻이든

　상관없으나, 경험으로 볼 때 생옻이 더 잘 우러난다. 이때 직경이 삽자루보다 굵은 옻

　은 4등분으로 쪼개고 그보다 가는 나무는 그대로 넣거나 절반으로 쪼개서 사용한다.

② 깨끗한 물과 함께 옻나무를 함께 솥에 넣고 중간 불로 끓인다. 큰솥에 물을 3분의 2가

　량 채우고 옻나무를 넣되, 수면이 대부분 가려질 정도로 옻나무를 넣는다. 정해진 기

　준이 있는 것은 아니므로 취향에 따라 양을 조절하면 될 듯하다.

③ 2시간 이상 끓인다. 여건이 허락한다면 장작불로 끓이는 것이 좋으며, 솥에서 처음 김
　이 서릴 때까지는 불을 세게 조절하고, 김이 배어 나오기 시작하면 중간 불이나 약한
　불로 끓이는 것이 좋다. 계속 센 불로 가열하면 물만 증발해 버리고 나무가 제대로 우
　러나지 않을 수 있기 때문이다.

④ 옻 액이 진하게 우러나면 거기에 닭이나 오리를 넣고 30분 이상 계속 가열한다. 생옻
　은 주로 노랗게 우러나고 건조된 옻은 대부분 갈색으로 우러난다. 닭이나 오리를 넣어
　먹기도 하며 취향에 따라 국물만 먹기도 한다.

어느덧 모양새를 잡아가는 미니 농장

"밀양 가니?"

차를 타고 집을 나설 때면 친분이 있는 사람들에게서 으레 듣는 인사말이다. 주말이면 농장으로 달려가 살다시피 하기 때문에 나에 대한 안부 아닌 안부 인사가 되어버린 것이다.

오늘은 농장 실내의 구들장을 새로 만들기로 계획하고 집을 나서는 길이다. 지금의 방 자리는 합판 위에 두꺼운 압축 스티로폼을 깔고 그 위에 비닐 장판을 덮어놓았다. 그러다 보니 금세 장판이 쭈그러져 주름이 생기고 맨 밑의 합판 이음새가 탄탄히 고정되지 않아 사람이 걸을 때마다 삐걱거리는 소리가 나서 여간 신경 쓰이지 않았다. 처음 농장을 시작하면서 비바람만 피하면 될 거라는 생각에 모든 걸 성급하게 처리했기 때문이다.

그래서 이참에 방바닥을 리모델링하기로 한 것이다. 삐걱거리는 소리가 나지 않게 고정한 후 전기를 이용한 난방 필름을 깔고 그 위에 강화마루로 마감

하기로 하였다.

당연히 이 공사도 재주 많은 머슴 같은 남편 몫이다.

미리 준비해 놓은 자재들 외에 강화마루를 구입하기 위해 다시 김해에 있는 건축 자재상에 들러 필요한 물품을 구입해서 농장으로 향했다.

자재 실은 차를 타고 농장으로 가는 동안 남편은 마치 건설업자가 대형 공사를 떠맡은 것처럼 들떠있고 자신만만한 태도를 보인다. 물론 남편은 이 일도 처음 해본다.

먼저 방 안에 있는 살림살이를 모두 밖으로 꺼냈다. 세간 살림이라야 옷장으로 쓰고 있는 높다란 찬장 한 개와 오래된 김치냉장고 등 보잘것없는 것들이다.

이윽고 본격적인 공사가 시작되고 삐걱거리는 합판부터 손을 본후, 난방 필름을 깔고 그 위에 강화마루를 펼쳐나가는 순서로 작업이 진행되었다. 그리고 전선 연결과 스위치 부착 등 생각했던 것보다 손길이 많이 가는 작업인데도 남편은 어려움 없이 일을 해냈다. 이렇게 공사를 마무리하기까지 꼬박 하루가 걸렸다.

때마침 창원에서 친구 윤숙이가 오후 늦게나마 신랑과 함께 찾아와 작업을 거들어주어 하루 만에 끝낼 수 있었다.

남편의 작업을 묵묵히 지켜본 나로서는 뿌듯하기만 하고 오늘 같은 전문적인 공사에는 내가 할 수 있는 일이라곤 일을 계획하고 심부름과 청소나 하면서 뒷정리를 할 뿐 큰 도움이 되지 못한다.

이런저런 작업 계획을 세우고 그런 나의 계획에 맞춰 전공 전문분야가 아닌데도 어려움 없이 일을 처리해 주는 남편 덕분에 짧은 기간

임에도 우리는 많은 것을 얻을 수 있었다.

　다음 날 아침.

　윤숙이는 아직 듬성듬성 남아있는 대추를 따면서 이곳의 어설픈 전원생활에 재미를 느끼고 깊은 관심을 내보였다.

　몇 주 후….

　집안일로 어머님이 계시는 남편의 고향 마을을 찾았다. 우연히 본 그곳 대나무밭의 대나무들이 어찌나 푸르고 굵은지 욕심이 생겼다.

　요즘은 대나무를 많이 사용하지 않다 보니 대나무가 굵어질 대로 굵어진 것이다. 이 대나무들을 농장 마루 난간 테두리로 사용하면 멋있을 것 같아 어머니께 부탁했다.

　다행히 어머님과 친분이 있으신 분의 대밭이라 필요한 만큼의 대나무를 어렵지 않게 구할 수 있었는데 워낙 굵고 키가 크다 보니 몇 그루만 베어다가 잘랐는데도 차 안이 가득했다.

　돌아오는 길엔 해가 저물고 있었지만 예쁘게 꾸며질 마루를 생각하니 피곤했던 몸과 마음이 새털마냥 가벼워진다. 그 길로 농장에 들러 실어온 대나무들을 내려놓고 집으로 향했다.

　일주일 뒤, 그 대나무들을 크기에 맞게 자른 후 엮어서 마루 난간을 만들었다. 기대했던 만큼이나 시골 분위기와 잘 어울려 운치도 있고 실속도 있어 여간 만족스러운게 아니다.

　일에 있어 때로는 철저한 계획을 세워서 하기도 하고 이렇게 별다른 계획 없이 즉흥적으로 아이디어를 떠올려가며 조금씩 발전된 변화를 주면서 자연과의 친숙함을 느낄 수 있는 나만의 공간으로 만들어 가고 있다.

이 가을! 들깨를 털고 무를 땅에 묻다

알록달록 화려함을 더해가는 계절. 가을이 점점 깊어만 간다. 잘 물든 단풍은 봄꽃보다 아름답다 했다

아직 개발되지 않은 자연 그대로의 시골인 이곳에선 땔감으로 아궁이에 불을 지펴 사용하는 집들이 대부분이다. 경지 정리가 되지 않은 계단식 논밭 탓에 기계의 힘보다 인력으로 처리하는 일이 많다 보니 공기의 맑고 깨끗함이 가을 단풍을 통해 느껴진다.

한 철 눈부시게 푸르던 과실수도 울긋불긋 투명하고 화려한 옷으로 갈아입고는 가을의 정취를 더욱 아름답게 만든다.

불꽃을 연상케 하는 붉게 물든 감나무 잎사귀 뒤로 멀찌감치 떨어진 샛노란 은행나무 잎들이 묘하게 어우러져 황홀함마저 들게 한다.

이런 정취에 뒤질세라 빨갛고 노랗게 물든 포도 잎도 화려하고 아름답게 물들어 있다. 포도 잎의 가을 옷이 이렇게 아름다운지 이 가을 나는 처음 느꼈다.

그런데 유난히 나의 시선을 끄는 건 우두커니 서있는 대추나무들이다. 무슨 영문인지 잎에 단풍을 맺지 못한 채 잎을 떨구며 서 있기 때문이다.

대추 열매에게 모든 영양분을 다 내주고 바싹 말라버린 잎들은 미처 옷을 갈아입기도 전에 허무하게 떨어져 버리나 보다. 그렇게 대추나무는 잎들을 잃어버리고 몇 알의 대추만을 대롱대롱 매단 채 아쉬움을 달래고 있다.

이렇듯 대부분의 나무들은 싹이 트고 꽃을 피우고 열매를 맺고 화려한 단풍 옷을 입고 새로운 삶을 위해 희망의 봄을 기다리겠지.

봄여름엔 무성한 잎들로 신선함과 아늑함을 느끼고 가을엔 화려한 가을 단풍이 나를 유혹한다. 앙상한 가지만이 남아 추위를 더해주는 삭막한 겨울이 되면 무성한 잎들이 떨어져 가려졌던 전망이 새로운 그림으로 내게 다가온다.

이처럼 사계절을 마음껏 누릴 수 있고 즐길 수 있는 시골 전원생활은 주말농장을 통해 몸소 느끼고 있다.

오늘은 무를 수확해서 땅에 묻기로 한 날이다.

늦여름부터 열심히 가꾸어 온 무는 생각보다 굵고 큼직한 게 수확의 기쁨을 충분히 안겨 준다.

내가 무를 뽑아 쌓아두는 동안 남편은 무를 묻어 둘 구덩이를 파고, 내가 무청을 잘라 모아 두면 남편은 그 무청을 짚으로 엮어 걸어놓는다. 겨울철 요긴하게 먹을 수 있는 시래기를 만들기 위해서다.

맑은 공기와 밤낮 기온 차가 큰 이곳에 무청을 걸어놓으면 구수하고 깊은 향이 더할 것 같아 밭에서 난 무청을 알뜰히 모아 보관하기로 한 것이다.

정리된 무는 조심스럽게 선별하여 친척들과 이웃에 나누어줄 것들을 따로 챙기고 나머지는 깊게 파놓은 구덩이에 지푸라기를 수북이 깔고 묻는다. 그리고 그 위에 또다시 지푸라기를 덮고 물이 스며들지 않도록 비닐로 잘 마무리해둔다.

이렇게 고이 묻어 둔 무는 김장용으로 사용하고, 남은 것들은 그대로 두었다가 이른 봄에 꺼내어 여러 용도로 사용하면 여전히 신선한 맛을 볼 수 있다.

여름내 따먹던 깻잎은 오간 데 없고, 남편은 좁쌀 같은 열매가 촘촘히 달린 가지를 꺾어 알갱이를 털어낸다. 그 알갱이가 들깨라는 사실을 처음 알았다. 농장 생활은 이렇게 나의 무지함을 일깨워 준다.

나는 남편이 베어준 나머지 들깨 가지들을 야외용 돗자리에 모아놓고 막대기로 두들겨가며 들깨를 털었다. 생각지도 않은 들깨를 두세 되 정도 수확하게 된 것이다. 몇 줌은 내년에 씨앗으로 사용하고 나머지는 양념으로 사용하기로 하였다.

어느새 짧아진 가을 하루는 지는 해를 천천히 배웅하고 있다. 이럴 때면 나도 멀어지는 햇살이 아쉽기만 하다. 나는 까닭 없는 아쉬움을 달래기 위해 가지 끝에 매달린 감 하나를 툭 따서 입에 물고 노을과 함께 황금빛으로 물든 이곳 농장의 풍경에 푹 빠져든다. 마치 영화 속의 한 장면과도 같은 풍경 위로 쏟아지는 눈부신 노을 속에 서 있는 나는 무척 행복하다.

달리는 도롯가엔

붉고 노오란 나무들이

넘실넘실 춤추고

찾아간 농장엔

각자 새옷을 갈아입고

셀레는 가을의 축제로 초대한다

노을과 단풍이 보내온

붉은 초대장을

어찌 외면할 수 있을까.

수확한 배추로 난생처음 직접 김장을 해보다

배추가 그런대로 잘 자랐다. 초기에 벌레의 습격으로 좀 비실거리기는 하였지만, 꾸준한 물주기와 정성으로 배추를 따로 구입하지 않아도 김장이 가능할 정도다.

드디어 오늘은 김장을 하기로 한 날이다. 시간이 나면 조카들을 데리고 체험도 하고 쉬었다가는 동서네와 같이 김장을 하여 나눠먹기로 하였다.

남편과 나는 동서네보다 조금 더 일찍 도착하여 50포기 남짓한 배추를 뽑고 다듬어서 소금에 절여뒀다.

농장의 날씨가 무척 춥기는 하지만 배추를 다듬고 씻어 절이는 일을 이곳 농장에서 하기로 했다. 아직 따뜻한 물을 사용할 시설이 되어 있지 않아 불편한 점은 있지만 그래도 아파트보다 넓은 수돗가에서 물을 풍부하게 쓸 수 있는 이곳이 편할 것 같아서다.

남편이 뽑은 배추를 다듬어 소금에 절여놓고 나니 어느새 어둠이 내려앉는다.

동서네가 도착하기를 기다리며 싸늘한 밤공기를 달래기 위해 장작에 불을 붙였다. 토닥토닥 타오르는 불꽃과 싫지 않은 연기 냄새가 눈과 코끝을 자극하며 하늘로 퍼진다.

그런데 장작불 옆에 있어도 차가운 공기가 뺨을 스칠 만큼 한겨울의 한기를 느낀다. 이곳은 심한 기온 차로 이른 아침에 방 안에서 방문을 열 때면 마치 냉동실 문을 여는 듯한 한기가 느껴지는 곳이다.

이윽고 동서네가 학교에서 돌아온 아이들과 함께 도착하고, 우리는 초겨울의 맑은 산골에서 불어오는 매서운 바람과 엉금엉금 다가오는 한기를 녹이느라 장작불 옆에 앉아 이런 저런 얘기를 안주 삼아 차가운 밤공기의 맛을 음미한다.

날이 밝아온다. 얼마 전 설치한 난방 필름에서 전해오는 뜨끈한 온기를 뿌리치지 못해 늦잠을 즐긴다. 아침을 간단히 물리치고는 본격적인 김장을 시작한다.

동서와 내가 배추를 씻는 동안 남자들은 다시 장작불을 지펴 돼지 수육 거리를 삶는다. 갓 담은 김장김치에 모락모락 김이 배어나는 부드러운 수육을 맛보기 위해서다.

우리는 밤새 적당히 절인 배추를 씻어 물이 잘 빠지도록 대나무 발에 걸쳐놓는다. 제법 차가운 날씨지만 따뜻한 햇살이 비추고 땅속 깊은 곳에서 올라오는 지하수라 그런지 배추를 씻는데 따뜻한 온기마저 전해진다.

아이들은 서툰 동작으로 땔감에 톱질을 해가며 재미있어하고 장작을 나르며 즐거워한다.

친정엄마와 시댁에서 한 김장김치를 가져다 먹다 보니 김장하는 법을 제대로 배워두지 못한 게 조금은 후회스럽기도 하다. 내 손으로 하는 김장은 이번이 처음이다.

깨끗한 자태로 대나무 발 위에 가지런히 놓여 있는 노란 속살을 드러내는 먹음직스러운 배추들을 보니 뭔가 잘될 것 같은 예감이 들지만 그래도 내심 걱정이 된다. 첫 김장으로 많은 양을 하다 보니 맘이 안 놓이는 것이다. 친정어머니께 전화를 걸어 물어봤다. 물이 다 빠지려면 몇 시간이나 기다려야 하느냐고? 사실 어제도 전화를 걸어 배추 절이면서 소금물에 얼마나 담가놔야 제대로 절어지냐고 물었다.

친정어머니께서는 기특해하면서도 내심 걱정이 되시는지 물어보지도 않은 사항들을 상세하게 덧붙여 설명을 해주신다.

물 빠지기를 기다리는 동안 동서는 잘 삶은 돼지 수육에 김치 대신 생굴을 곁들여 생탁과 함께 내놓는다. 굴은 김장 양념으로 쓰려고 미리 준비해온 거지만 그냥 먼저 맛을 보잔다.

아이들은 시들어가는 장작불에 자기들이 캐온 고구마를 구워달라며 성화다. 고구마 수확기는 한참 지났지만 나는 이런 날 아이들에게 추억거리를 만들어 주기 위해 한쪽 밭은 캐지 않고 얼지 않도록 옥수수대 등으로 잘 덮어두었기에 지금 이렇게 군고구마 맛을 볼 수 있다.

언제나 자연 속에서 즐기는 여유는 커피 향만큼이나 설레고 행복하다.

도심에서의 휴식은 일의 연장으로 이어지지만, 자연과 함께하는 휴식은 우리의 내면을 풍부하게 만들고 마음과 정신을 맑게 해준다.

아이들은 과자를 사기 위해 먼 이웃 동네까지 30분을 걸어가야 하는 거리를 불평 없이 오히려 기쁜 맘으로 길을 나섰다.

낯선 시골길에 대비책으로 휴대폰을 손에 들려주긴 했지만, 마음이 놓이지 않아 내내 노심초사 기다렸다. 돌아올 시간이 되어 차를 몰고 데리러 갈까 하고 생각 중인데 저 멀리 큰길가에서 네 명의 아이들이 힘겹게 기다란 뭔가를 끌고 내려오고 있는 모습이 보였다.

도착한 아이들이 내려놓은 것은 다름 아닌 마른 통나무였다. 이걸 내려놓고는 어른들의 반응을 기다리는 게 아닌가. 그 무거운 걸 뭐하려고 먼 길을 힘들게 가져왔냐고 혼내려는 순간 인호가 나름 변명을 늘어놓는다. 길가에 마른 나무가 쓰러져 있었는데 불 피울 때 쓰면 좋을 것 같아 누나들과 함께 끌고 온 거라며 흐뭇해하는 얼굴을 보는 순간, 말문이 막혀 할 말을 잊고 만다.

늦은 오후.

적당하게 물이 빠진 배추를 방으로 옮기고 가져온 양념을 버무려 통에 담는다.

먼저 부드러운 배추 속살을 쭉 뜯어 수육과 생굴을 얹어 남편의 입에다 살짝 넣어준다.

처음 해본 김장이지만 다들 맛있다고 하는 걸 보니 기대 이상의 성공이다.

한 번도 해보지 않았던 일인데도 이 농장으로 인하여 나는 새로운 일을 자연스레 해낼 수 있게 되었다. 이렇듯 뭐든 직접 길러 음식을 만들다 보면 음식 버리는 일도 많이 줄어들고 더불어 음식을 버리는 수고까지 덜 수 있다.

너는 무엇을 안고 있는지

겹겹으로 싸여 속을 알 수 없었다

그러다 두 갈래로 쩍~ 나뉜 너는

겉과 속이 달랐다.

너는 그저 초록빛인 줄 알았는데

그 속살은 황금빛으로

맛깔스러운 자태를 뽐내고 있었다.

TV, 컴퓨터도 없는 농장의 겨울맞이

유달리 추운 겨울의 농장. 혹독한 겨울바람이 몰려온다.

어찌나 차가운 바람이 세차게 불던지 매서운 겨울의 맛을 느끼게 한다. 아직도 앞집 감나무 꼭대기에 매달린 까치밥은 홍시가 된 채 선홍색인데….

농부들은 과일을 수확하면서 다 따지 않고 나무마다 한두 개씩 그대로 남겨둔다. 사람들은 그걸 겨울철 까치들이 배고플 때 먹을 수 있게 남겨둔 것이라서 까치밥이라고 부르는 것 같다.

우리 농장에도 단감나무가 2그루 심겨 있어 올 가을 단감을 수확한 적이 있다. 다른 과일보다 단감을 좋아하는 나는 단감만큼은 남김없이 따다가 집으로 가져갔었다. 앞집 감나무 꼭대기에 대롱거리는 까치밥을 보니 배고픈 까치들을 전혀 배려하지 않은 내가 괜히 미안해진다.

삭막한 들판과 앙상한 가지만을 붙들고 버텨 서 있는 나무들을 보면서도 난 행복하다.

곧 살아있음을 말해줄 잎의 무성함과 자연의 위대함을 볼 수 있을 거라 믿기에 삭막한 이 겨울에도 희망을 품는다.

돌봐야 할 작물도 없고 추위 때문에 할 일이 없을 거라 생각하고 왔지만, 농장에서는 뭐든 할 일이 생긴다.

이곳에 도착하니 물이 나오지 않는다. 밤샘 추위에 수도꼭지가 얼어붙은 모양이다. 펌프에서 수도꼭지까지의 호스는 땅속 깊이 묻었기 때문에 얼지 않지만 노출된 수도꼭지 부분이 얼어버린 것이다.

불편함도 잠시 양지바른 이곳은 오전 일찍부터 해가 질 때까지 해를 볼 수 있어 아무리 꽁꽁 얼어도, 수도꼭지 녹이는 일은 어렵지 않다. 남편이 토치램프를 이용해 간단히 해결해 준다.

추위를 피해 방 안에 누워 방바닥 온기를 느끼다 말고 남편이 무얼 하나 궁금해 따뜻한 열기를 뒤로한 채 커피 한 잔을 들고 남편을 찾았다. 텃밭을 일구는 일로 재미를 더해가던 남편은 냄새나는 음식 찌꺼기도 눈에 잘 띄지 않는 곳에 알뜰하게 모아 삭히는 일도 스스럼없이 한다. 집에서는 음식물 쓰레기 한번 버리지 않더니… 오늘도 남편은 집 근처 한의원에서 모아온 한약 찌꺼기를 부지런히 차에서 내려 퇴비장에 붓는다. 퇴비를 자체 생산하는 것이다.

그리고는 억새 등 마른 풀들로 텅 빈 채소밭을 가지런히 덮는다. 마른 풀들은 얼마 전 마을 뒤편 묵은 밭에서 베어다 놓은 것들이다.

어디서 들은 건지 아니면 경험에서 배어 나온 것인지 모르지만 빈 땅을 이렇게 덮어 놓고 건조하지 않도록 가끔 물을 뿌려주면 메말라

단단해진 흙이 부드러워지고 땅속에선 미생물이 번식하여 저절로 땅을 기름지게 만들어 준다고 한다.

틀린 말이 아닌 것 같다. 이듬해 봄 고추 모종을 심기 위해 덮어 놓은 풀들을 헤치는 순간 마른 풀 밑이 촉촉이 젖어있고 땅은 부드럽게 살아 숨 쉬고 있었다. 그래서 밭을 새로 갈아엎는 수고를 하지 않고도 그대로 마른 풀 사이로 고추 모종을 심은 적이 있다.

이번엔 삽을 꺼내 들고 흙을 파낸다. 올봄에 호박을 심어 수확했던 바로 그 자리다. 집에서 가져온 음식물 쓰레기통을 들어다 구덩이에 붓는다. 그리고는 바람에 날려 언덕 밑에 수북이 쌓인 대추나무 잎이며 감나무 잎들을 끌어다가 구덩이에 같이 넣고는 흙을 살짝 덮는다. 내년 봄 그 자리에 다시 호박을 심기 위해서다. 우리는 항상 집에서 나온 음식물 쓰레기를 밀폐가 가능한 플라스틱 용기에 모아 여기서 퇴비로 사용한다. 음식물 쓰레기 버리는 수고를 덜어주는 보너스까지 받는 것이다.

남편 곁에서 하는 일 없이 지켜보고만 있자니 추위는 더해만 간다. 추위를 잠시 잊고자 온돌방처럼 자글자글 끓어오르는 방바닥에 다시 몸을 맡겼다. 평소 아파트에서는 맛보기 힘든 즐거움이다.

그렇게 누워서 스르르 잠이 들고 얼마가 지났을까. 어렴풋이 들려오는 낯선 목소리에 잠이 깨고 말았다.

남편과 방문객의 음성으로 보아 서로 아는 사이는 아닌 것 같다. 이야기가 오가는 도중 나가봐야 하나 말아야 하나 망설이는 동안 손님은 돌아가고 없었다. 그 사람들도 근처에다 주말농장을 준비하려고 땅 주인과 계약하고 가는 길에 우리 집을 보고 찾아온 중년의 부부인데, 그 부부가 우리 농장을 많이 부러워하더라고 남편이 귀띔해준다.

이곳에 인연을 두기 위해 오랫동안 찾아다니며 보낸 많은 시간이 헛되지 않아 다행이라는 생각이 든다.

주말이면 이렇게 주말농장을 해보려는 도시인들을 심심찮게 만날 수 있다. 그러나 호기심에 또는 투기를 목적으로 땅을 구입하는 사람들도 많은 것 같다. 동네 주위에 잡풀로 어지러운 논밭이 더러 있어 마을 분들께 여쭤보면 외지인들이 매입한 땅이라고 한다.

낯선 손님의 방문으로 낮잠을 물리친 나는 겨울철 아이들을 위해 뭔가를 만들어 주고 싶어진다. 봄이나 여름, 가을철이야 아이들이 뛰놀기 좋고 밖에서 계절을 맘껏 즐기며 놀 수 있다지만 이런 추운 겨울에는 마땅히 놀 거리가 없어 따분해 하기 때문이다. 그래서 집에서 키우던 허브를 이곳에 가져와 화단에 옮겨 심은 후, 볼품없이 쪼그리고 있는 기다란 화분을 잔디밭 한쪽에 밑 부분을 묻고, 일정한 거리에서 나뭇가지 등을 화분 안으로 던져 넣을 수 있도록 해주었다. 옛날에 궁중에서 여인들이 즐겼다는 투호 놀이인 셈이다.

그 옆에는 쓰고 남은 반듯한 목재를 이용하여 널뛰기 놀이도 할 수 있도록 어설픈 솜씨를 발휘해 본다.

두툼하긴 하지만 손바닥만 한 넓이의 판재 하나만 놓고 널을 뛰며 즐거워하는 우릴 보고는 안 되겠다 싶었는지 남편이 가져와 보란다. 판재 한 개로는 폭이 너무 좁아 불편해 하는 것을 남편도 알아차린 모양이다. 똑같은 판재 3개를 나란히 잘라 빗장을 대고 못질을 하고 뚝딱거리더니 그럴싸한 널이 완성된다.

너도나도 아이 어른 할 것 없이 먼저 뛰겠다고 아우성이다. 겨울철 놀 거리가 없어 무료해 하던 애들이 재미를 느낄 수 있는 놀이기구까지 갖추어졌다. 아이들은 처음에 어려워하는가 싶더니 공중으로 붕 뜨는 스릴 때문인지 이내 재미를 느낀다.

이런 놀이마저 없다면 이곳은 외딴 섬과도 같다. 세상과 소통할 수 있는 라디오도 티브이도 컴퓨터도 없기 때문이다.

그러나 이곳에 와 있으면 이런 것들이 문제 되지 않는다. 오히려 자연과 더 가까워질 수 있어서 좋다.

이래서 사람들은 주어진 환경에 적응할 수 있는 능력을 가진 존재가 틀림없는 것 같다. 그러나 남편은 한 번씩 위성 티브이를 달자. 케이블 티브이를 달자며 불쑥 말을 던진다. 이럴 땐 남편이 정말 밉상이다. 나는 종일 티브이나 컴퓨터, 게임기 화면을 쳐다보느라 아이들 시력은 물론 정신 건강에도 안 좋은데 여기서만이라도 그런 걸 잊고 살자고 되받아준다. 아마도 남편은 여기서도 좋아하는 야구를 보기 위해 그런 말을 꺼내는 것 같다. 그래도 나는 애써 모른 체한다.

휴일에만 왔다 가는 이곳이지만 구속받지 않고 마음껏 뛰놀 수 있고 보이는 건 다 놀이기구가 될 수 있어 좋다. 흙장난과 소꿉놀이를 즐기며 자란 옛날 시골 아이들처럼 소탈하고 자연에서 지혜를 얻는 우리 아이들이 되었으면 좋겠다.

Step 21

주말농장에서 친구들과 새해맞이 일출을 보다

기어이 가겠다는 한해의 마지막 햇살을 아쉽게 떠나보낸다.

가정을 이루고 살다 보니 어릴 적 친구들은 일 년에 한두 번 보기도 힘들다.

섣달그믐날. 착하고 열심히 살아가고 있는 고마운 친구들이 농장으로 모여들었다.

이름 있고 경치 좋은 산은 아니지만, 마을 뒷산에 함께 올라 해맞이를 하면서 새해 희망을 품어보기로 하였기 때문이다.

오랜만에 만난 친구들이라 하고 싶은 말과 듣고 싶은 말이 수북이 쌓여있어 밤늦도록 수다를 떨며 지난 추억을 되뇌며 밤을 지새운다.

남자들도 밤늦도록 소주잔을 기울이며 세상 사는 얘기로 야단이다.

얼마간 적막이 흘렀을까. 핸드폰 알람 소리가 요란하다. 어서 일어나 해맞이 가라는 신호인 것이다.

다들 피곤한 기색이지만 두꺼운 외투에 장갑, 모자 등으로 무장하고, 곤히 자고 있는 애들을 깨워 추위와 싸워 이길 수 있게끔 챙겨주느라 부산스럽다.

나는 끓어오르는 듯한 방을 나와 차디찬 공기를 마시려니 애써 눈을 감고 싶은 심정이다. 그러나 아이들까지 두툼한 옷으로 무장하고 나서는 분위기에 다시 눕고 싶은 욕심을 포기할 수밖에 없었다.

주섬주섬 닥치는 대로 옷을 겹겹 입고 나섰지만, 새벽 공기는 이루 말할 수 없을 만큼 차갑게 느껴져 자꾸만 몸을 움츠리게 한다.

해 뜰 시간이 멀었는데도 벌써 하늘이 환하게 밝아온다. 한 친구는 잠결에서 헤어나지 못한 아이들 때문에 차를 타고 가자고 하고 나는 정상에 오르기 전에 해가 뜰 것 같다며 차를 타고 산을 오르자고 한다. 밤새 기울인 술잔 때문에 늦잠 잔 것을 이런 핑계들로 묻어버리려는 것이다.

정상에 다다를 즈음 금방이라도 해가 불쑥 튀어나올 것 같아 더 가다간 정말로 일출 광경을 놓칠 것 같은 초조함에 전망이 트인 위치에 차를 세우고 주위를 살펴본다.

뭔지 모를 밝은 덩어리가 동쪽 멀리 서있는 산꼭대기에 걸쳐있기 때문이다. 해가 떠서 구름에 가린 건지 막 해가 떠오르려고 하는 건지 도무지 가늠할 수 없으나, 우리는 망설임 끝에 적당한 곳에 자리 잡고 해를 기다려 본다.

벌써 해가 떠서 저 구름 속에 숨어있으면 어떡하나. 실망과 설렘을 속으로 감춘 채 5분 정도 지났을까. 하늘 한구석이 더 밝게 불타오른다. 저만치서 뜨거운 해가 솟는 순간 눈부시도록 찬란한 빛이 내 눈에 박혀 똑바로 쳐다볼 수가 없다. 세찬 불기운은 마치 내 심장을 뚫고 지나가듯 황홀함에 짓눌려 나는 더 이상 꼼짝할 수가 없다. 다들 감탄사를 연발한다. 이렇듯 화려하고 맑은 태양을 나는 본적이 없다.

바다에서 본 일출과는 분명 또 다른 모습으로 다가왔고, 우리는 누가 먼저라고 할 것 없이 신비로운 해의 광채를 향해 두 손 모아 조용히 소원을 빈다. 아들 인호 녀석도 제법 근엄한 모습으로 뭔가를 소망하듯 두 손 모아 눈을 감고 서있다.

내려오는 길.

"인호야 아까 무슨 소원 빌었니?"

"비밀인데."

"그래도 말해봐."

"공부 잘하게 해주고 우리 가족 행복하게 해달라고 빌었는데."

"그리고 이건 진짜 비밀인데…"

"뭔데 그래?"

"…"

끝까지 말을 않는다.

이렇듯 우리는 밝은 웃음으로 새해 첫 태양을 맘껏 마셨다.

내 친구들 아니 내가 알고 나를 아는 모든 사람들도 새해에 결심한 모든 일이 이루어지고, 소망한 모든 것을 성취하여 다들 행복해지길 빌어본다.

Step 22

비 내리는 석양, 대추나무의 은빛 물결이 황홀하다

겨울비인지 봄비인지 알 수 없는 비가 촉촉이 내리는 2월의 막바지 주말이다.

본격적인 농사를 준비하기에는 이른 계절이라 딱히 할 일도 없는데 비가 내린다.

비를 핑계 삼아 모처럼의 한가함을 즐기려 따스한 방 안에 몸을 녹이며 누워있자니 빗방울이 더욱 굵어진다.

나는 어렸을 때부터 비를 무척 좋아했다.

비가 오면 왠지 마음이 푸근해지고, 까닭없는 설렘이 주체할 수 없을 만큼 밀려와 마음 한구석이 찡해지는 그런 느낌이 좋았기 때문이다.

후두둑~ 툭 툭.

지붕을 때리는 빗소리가 너무 정겹다. 한동안 잊고 살았던 소녀적 그 설렘을 이곳 아지트에서 되살려 본다. 한 뼘가량의 두꺼운 패널이

하늘을 가리고 있지만 어디 견고한 주택에 비하겠는가. 지붕에 내리는 빗방울의 무게감이 온몸에 전해온다. 계절을 비켜 내리는 비는 이렇게 모처럼의 여유를 주고 옛일을 되새김질하게 한다.

쓱싹 쓱싹. 툭툭~.

마음을 녹이는 빗소리와는 전혀 어울리지 않게 밖에서 소음이 전해온다. 마치 베토벤의 느긋한 '월광 소나타'를 감상하는 중에 들리는 이웃집 공사소음 같다.

그렇지만 나는 이내 감이 잡힌다. 비 때문에 딱히 할 일이 없는 저 양반이 심심해서 뭔가를 만들고 있는 것이 분명하기 때문이다.

뭘 만드는지 궁금해하며 나긋하게 몸을 녹이고 있자니 더더욱 궁금해진다.

커피라도 한 잔 권해볼 겸 문을 열고 나섰다. 아니나 다를까 마루에는 몇 가지 공구들이 굵은 나뭇가지들과 섞여 난장판이다. 보아하니 비에 젖은 대추나무 가지들을 잘라다 껍질을 벗기고 다듬고 있는 것이다. 작년에 가지치기한다며 잘라낸 것들이라 겉에는 빗물에 젖었지만, 껍질 속은 바짝 말라 있다.

그런데 알다가도 모를 일이다. 뭔가를 만들려면 곧게 뻗은 나무여야 하는데 하나같이 구부러지고 가지가 붙어있다.

"이 조각도 기억나?"

부지런히 손을 놀리던 남편은 손에 쥔 조각도를 보여준다.

"…"

옆에 모양이 다른 조각도들도 나란히 케이스에 꽂혀있다.

"이거 청주 살 때 쓰던 칼이잖아. 왜 저 대나무 통에 구멍 내서 풍란(風蘭) 심었던 것 있잖아. 그거 이 칼로 만들었잖아"

"…"

뭘 만드는지 내심 궁금했지만, 잠자코 있는 나한테 남편은 대뜸 칼(조각도) 얘기를 불쑥 꺼낸다. 약 12년쯤 전이다. 남편 직장 때문에 청주로 이사를 갔고, 아는 사람이라고는 한 명도 없는 낯선 그곳에서 2년의 신혼생활을 보냈다. 그곳은 아들 인호가 세상에서 첫울음을 터뜨렸던 곳이기도 하다.

그 무렵 남편은 팔뚝보다 굵은 대나무 통 마디 중간마다 하트 모양으로 구멍을 내고는 거기에 풍란을 심어 거실에 걸어둔 적이 있다. 내 기억에서는 까맣게 사라졌지만, 남편은 그때 사용한 조각도 세트를 지금까지 보관해온 모양이다.

그 조각도로 인하여 신혼생활의 추억이 빗소리와 함께 밀려온다. 쓰임새에 대한 한마디 설명도 없이 느닷없는 조각도 얘기로 추억에 젖은 내 마음을 아는지 모르는지, 남편은 마루에 걸터앉아 연신 나뭇가지를 깎고 문지르며 다듬는 일을 한다. 그 모습이 제법 진지하면서도 어느 때보다 여유로워 보인다.

잘 다듬은 그것들을 하나씩 들고는 정성스레 투명 페인트(오일스테인)를 발라 말리더니, 이렇게 해두면 나무가 썩지도 않고 벌레도 먹지 않는단다.

그러고는 납작한 판자에다 나란히 나사못으로 고정하고는 남편도 제법 흡족해 하는 모습이다.

"이만하면 멋지제?"

이 세상에 하나밖에 없는 옷걸이라며, 위치를 잡고는 벽면에 고정한다. 쓸모없어 보이는 나뭇가지를 이용해 튼튼한 옷걸이를 만든 것이다.

내가 생각해도 독특하고 기막힌 작품이다. 그동안 집안에서 사용하다 버릴 기성품을 벽에 걸고 써 왔는데 여간 불편한 게 아니었다. 농장에 올 때마다 작업복을 갈아입느라 옷이며 수건이며 모자 등을 걸어놓으면 어느새 흘러내려 방바닥에 나뒹굴곤 하였다. 나도 그게 늘 신경 쓰이고 성가셨는데 남편도 똑같은 생각을 해 온 모양이다.

사소한 것이지만 매번 큰 불편을 느껴오던 차에 이렇게 만들어진 옷걸이는 이곳 분위기와도 잘 어울리고 보는 사람마다 부러워하는 물건이 되었다.

내친김에 남편을 졸라 싱크대 위에 선반을 만들고, 구석구석 수납 공간을 만들어 정리하였다. 나는 몇 되지 않은 살림살이를 옮겨가며 여유 공간을 만들었다. 여기저기 방 안을 정리해 놓고 보니 꽤 쓸 만한 공간으로 바뀌었다. 언제나 식물들과 농작물을 가꾸느라 방 안 사정까지 살필 여유가 없었는데 오늘은 방 안 일로 생활의 편의까지 생각하게 되어 바쁜 주말 일정과 함께 변해가는 농장의 발전에 흐뭇해진다.

이렇게 우리의 아지트에 살림살이가 하나 더 늘었고 소박하게 살아가는 법을 배워가고 있다. 이 모두 촉촉이 내리는 비가 안겨준 여유인 것 같다.

종일 내리던 비도 오늘이 아쉬운가 보다. 해 질 무렵이 되자 희미한 태양 빛에 숨을 죽인다. 지는 햇살에 비친 대추나무의 은빛 물결 반짝거림을 바라보니 황홀할 정도로 멋진 광경이다. 눈이 부신다.

땅은 빗물에 흠뻑 젖어 푹신한 느낌이 감돈다.

"보름쯤 후에 감자 심어야겠네"

남편은 마치 오랫동안 농사를 지어온 사람처럼 계절을 얘기한다.

"벌써?"

"…"

대답 없는 남편의 표정에서 나는 오늘의 여유를 안겨준 비가 봄비라는 걸 실감한다.

마른 땅을 비집고 복슬복슬한 싹을 내밀 감자가 오늘따라 더 기다려진다.

저녁엔 아이들과 윷놀이와 다트를 하면서 웃고 즐기는 동안 밤은 깊어갔고 빗방울이 떨어지는 소리를 가까이에서 들으며 잠이 들었다.

적막함 속에 내리는 빗소리는

자연 속에서 더 정겹다

가로등 불빛 아래로 쏟아지는

연이은 빗방울

폭포 같은 시원함을 준다

자갈 위에 떨어져 흩어지는 모습은

마치 보석이 빛나는 듯 화려함이 있다.

감자를 심으면 행복을 수확하는 곳

이른 장마와 자주 내린 비 때문에 무성하게 자란 잡초들이 먼저 나를 반긴다.

오늘은 감자 수확을 하는 날이다.

이른 봄 씨감자를 묻어 둔 감자 잎이 누렇게 변해있기 때문이다.

농사일에 소홀한 나는 감자를 심고 거두는 일에 나름 재미를 느낀다.

비교적 큰 힘 들이지 않고 가꿔 먹을 수 있는 것 중의 하나가 감자다. 씨감자를 구입해 싹을 틔운 후 적당한 크기로 툭툭 잘라 밭이랑에 깊숙이 묻어두면 알아서 잘 자라기 때문이다. 겨울이 가고 봄기운이 어슬렁거릴 무렵 솜털 같은 감자 싹이 수줍게 고개를 내밀 때면 난 황홀경에 빠진다. 푸른색도 붉은색도 아닌 가녀린 몸짓으로 메마른 땅을 헤치고 갓난아기 볼처럼 부드럽게 솟아오를 즈음이면 가슴이 설레기 때문이다.

감자는 장마가 시작되기 전에 모두 수확을 해야 하지만 우리는 장마가 시작되고 한참을 지나서야 캐내고 있다. 첫해보다 성장이 늦은 것 같아, 되도록 늦게 수확하기로 하였기 때문이다.

남편을 시켜 낫으로 감자 줄기를 베어내고 비닐을 걷어내 달라고 한 후 나는 잡초들을 대충 뽑고 감자를 캔다.

올해는 지난해에 비해 굵기가 작다. 그렇지만 생각했던 것보다 수확량이 많아 다행이다.

이랑을 팔 때마다 속살 같은 하얀 자태를 들어내는 감자를 거둬들이노라면 절로 부자가 된 느낌이다.

특히 감자는 고추나 옥수수 등 다른 작물을 수확할 때보다 몇 배의 즐거움을 안겨 준다. 남편도 똑같은 생각이란다. 그래서 그 이유를 곰곰이 생각해 본다. 감자는 텃밭의 한해 농사 중 가장 먼저 심는 작물이고, 캐기 전까지는 눈으로 그 크기를 가늠하지 못하다가 땅을 파야 비로소 그 결실을 확인할 수 있기 때문에 그런 것 같다.

감자를 캔 자리에 고구마를 더 심어두는 게 좋을 것 같다.

아직 장마가 끝나지 않은 상태이고 또 크게 힘들이지 않고 심을 수 있기 때문이다. 감자를 캐낸 자리는 흙이 부드럽고 잡풀도 없어 대충 두둑을 쌓아 쉽게 이랑을 만들 수 있다.

이렇게 하지 않고 다음에 고구마순을 심으려면 그동안 자라난 풀도 뽑아야 하고 또 굳어버린 땅을 일구려면 두 배의 노력이 필요하므로 바삐 서둘렀다.

그리고는 두어 달 전 수돗가 옆에 묻어 둔 고구마순을 잘라다가 이랑에 심는다. 고구마를 땅에 묻어 두면 싹이 나 줄기가 생기고, 그 줄기를 잘라다가 두세 마디씩 절단하여 심으면 되기 때문에 고구마 재배 또한 아주 쉬운 편이다. 그래서 농사일 중 다소 쉬운 고구마순을 심고 가꾸는 것은 전적으로 내가 하고 있다. 남편의 손을 전혀 빌리지 않고도 말이다.

물을 듬뿍 주긴 하였지만, 뿌리가 없는 순을 심은 터라 제때 비가 와주기를 간절히 기다려본다.

하루의 시간은 정해져 있는데 요즘 같은 시기는 이런저런 일들로 인하여 제때 끼니를 챙겨 먹는 것조차 벅찰 때가 많다.

오늘은 이웃사촌 지은이네 부부가 놀러 왔다가 점심을 챙겨주어 평소보다 많은 일을 마칠 수 있었다.

나는 이곳을 찾아온 지인들한테 늘 이런 말을 한다. 여기선 손님과 주인이 따로 없다고. 내가 바쁠 때는 "식사 좀 준비해줘.", "거 좀 거들어줘." 하며 손님을 부려먹기도 하고, 고추나 오이, 토마토, 야채 등 자기들이 필요한 건 스스로 알아서 챙겨가라는 식이다.

한쪽에서는 벌써 먹음직한 크기의 오이와 방울토마토가 자신의 존재를 알리고 매운 고추, 아삭이 고추가 주렁주렁 매달려 유혹하며 나의 손길을 기다리고 있다.

경계를 따라 나란히 서 있는 옥수수는 하루가 다르게 자라고 있고 손바닥 크기의 깻잎은 무성하게 푸름을 자랑한다.

쉴 공간과 내가 좋아하는 조경수가 있는 잔디밭이 많은 공간을 차지하고 있어 골고루 작물을 심기에는 턱없이 부족한 땅이다. 하지만 적절한 시기에 심고 수확하고, 나름대로 공간을 활용하다 보니 지인들에게 나누어주고도 우리 식구가 먹을 만큼의 야채들은 충분히 가꾸고 거두어들인다.

　나의 농장에는 겨울철을 제외하고는 항상 농작물이 자라고 있다.

　이걸 거두면 그 자리에 또 뭘 심을까를 생각하게 된다. 땅에게도 휴식을 주어야 할 텐데 주인 잘못 만나 너무 혹사해서 미안한 생각이 든다.

월요일을 시작하는가 싶더니
화요일
수요일
목요일
금요일이다

오늘 이 해가 가면 주말이다
이렇게 일주일이 또
바람처럼 지나간다

숨쉬기 운동만큼이나 하루는 빠르고
월요일인가 하는 순간에 일주일이 지나가고
달력을 넘길 새도 없이 한 달이 금방이다
되돌아보면 어느새 일 년이 지나고
또 한해를 맞이하고 있다.

✍ 고구마 재배법

고구마는 적당한 땅만 있으면 아주 쉽게 기를 수 있다. 단점은 5월경에 밭에 심어지면(6

월 말에 심어도 수확은 가능함) 늦가을까지 밭을 차지하므로 여름 작물을 재배하기 힘들다.

심어두기만 하면 별로 할 일이 없다. 모종이 뿌리를 내린 뒤부터는 한 번씩 찾아가 크게

자란 풀이나 몇 개 뽑아주든지 그것도 귀찮으면 그냥 둘러보는 일 외에는 사람의 손이 필

요 없을 정도다.

○ 밭 만들기

토질을 가리지 않는다 - 오염되지 않고 깨끗한 땅이라면 고구마는 잘 자란다. 물론 흙을

부드럽게 만들어 주어야 하며, 황토와 모래가 섞인 땅이 좋다. 이랑은 보통으로 하면 되

지만 반드시 배수가 잘되도록 해주어야 한다.

○ 심기

고구마는 싹을 길러 그 싹을 심는다 - 고구마를 통째로 묻어 기른다면 어떻게 될까. 줄기

는 사방으로 퍼지고 무성해지지만. 수확 철에 캐보면 묻어 둔 고구마만 덩그러니 나온다.

반드시 씨 고구마를 묻어 싹을 틔운 후 그 싹을 잘라 심어야 한다.

○ 가꾸기

심어두기만 하면 별로 할 일이 없는 작물이다 - 남부지방은 5월 초순. 중부지방은 5월 중

순에 고구마 싹을 묻는다. 판매하는 고구마순은 보통 한 뼘 정도의 길이에 잎이 여러 장

달린 부드러운 줄기 형태다. 여건이 된다면 씨 고구마를 밭 한쪽에 묻어 두었다가 줄기가

무성하게 자라면 그 줄기를 잘라 2. 3개 정도의 잎이 달리도록 절단하여 밭에 심으면 모

종을 구입하는 비용까지 절약할 수 있다.

뿌리가 내릴 때까지는 수분을 유지할 수 있도록 물을 주고. 완전히 뿌리가 내린 뒤에는

스스로 잘 자라므로 잡초나 몇 개 뽑아주면 된다.

Step 24

주말농장을 방문한 네 부부가 애기꽃을 피우다

주말농장을 하고부터 특별한 일을 제외하고는 이곳에서 시간을 보낸다.

한 번씩 생각날 때만 들러서는 작물을 제대로 돌볼 수 없고 농장을 유지할 수 없으므로 잠깐 왔다 가더라도 웬만하면 일주일에 한 번은 들린다. 그러다 보니 쉬는 날 손님을 맞이하는 곳도 이곳이 되어버렸고, 덕분에 가까이 지내는 이웃 사람들이 가끔 방문하여 이곳 자연 속에서 추억을 만들어간다.

많은 사람들이 여름휴가를 떠나 도심의 거리가 한산한 토요일.

이웃사촌 네 팀의 부부가 농장을 찾았다.

특별한 행사나 목적이 있어서 모인 것도 아니다. 한두 번씩 다녀간 적이 있어 이곳의 존재를 다들 익히 알고 있으므로, 삭막한 도심에서 어울리는 것보다 조용하고 편안한 이곳에서 모이기로 하였기 때문이다. 애써 그 명목을 붙이자면 이웃 간 친목 도모인 것이다.

지은이네가 구이용 조개를 푸짐하게 준비해 왔다. 그 바람에 그간의 주메뉴가 바뀌었다. 매번 고기를 굽다가 한적한 이 산촌에서 조개 구이를 먹는 것이 썩 어울리지 않아 보이지만 한편으로 색다른 분위기다.

이런저런 얘기꽃을 피우며 밤 깊도록 대화가 이어지다 보니 부부가 처음 만나게 된 사연까지 꺼내든다.

고등학교 여름 방학 때 친척 집에 놀러 갔다 옆집 뒷마당에서 옷을 벗고 목욕하는 남학생의 모습을 우연히 보았단다. 그 후 어쩌다 보니 그 남자와 결혼하게 되었다는 부부.

같은 학원에 다니다 우연히 횡단보도에서 마주친 남자한테 점심 사 달라며 떼쓰는 바람에 그게 인연이 되어 결혼했다는 부부. 또 이런 부부도 있다.

첫선 보기로 한 날. 약속 장소에서 한 시간을 넘게 기다렸지만, 남자가 나타나지 않자 버스를 타고 집으로 가던 중 신호 때문에 버스가 정차한다. 그래도 뭐가 아쉬웠는지 창밖으로 고개를 쭉 내밀고 뒤를 보다가 택시에 타고 있는 어떤 남자와 서로 눈이 마주쳤다. 그 후 다시 선을 보고 결혼했다는데 그날 눈이 마주쳤던 택시 안의 남자였단다.

한 언니는 자기 남편으로부터 처음으로 받은 편지를 지금도 가지고 다닌단다. 괜히 그 편지가 궁금해져 어디 한 번 보자고 그랬더니 몇 번의 망설임 끝에 지갑에서 종이 한 장을 꺼내 보인다. 깨끗하게 잘 보관된 상태지만 눈으로 봐도 오래된 종이임이 틀림없다. 그 편지를 보냈던 주인공은 옆에 앉아 연신 멋쩍은 표정을 짓는다. 그런데 정작

자기가 보낸 편지의 내용을 전혀 기억하지 못하는 것 같다.

글씨체를 직접 보고 나서야 자기가 보낸 것이 맞다며 키득키득 웃음을 짓는다. 기억력의 한게인가. 늑대이기 때문일까? 사람 간의 인연이란 참으로 묘한 것 같다. 만나게 된 이유나 사연이 천차만별이다.

문득 내가 마주하는 모든 게 인연 아닌 게 없다는 어느 스님의 말씀이 떠오른다.

이른 아침.

점점 가까이 들리는 경운기 소리에 잠이 깼다. 벌써 마을 어른들께서는 농사일로 분주하다.

간단하지만 특별한 아침을 끝낸 후 네 부부는 얼마 전 옆집에 지은 원두막으로 몰려간다.

난 채워진 커피를 다 비우기도 전에 밭으로 발길을 옮긴다. 무엇이 얼마나 자랐을까 궁금하여 커피 잔을 쥔 채 나서는 것이다.

알고 지내는 언니가 측백을 편백으로 잘못 알고 사서는 우리 농장에 심어두라고 준 것이 있어 지난주에 그 측백나무를 이곳에 심어놓았다. 어느새 자리를 잡아 새잎이 나와 무성해졌고, 자갈과 난간 대나무와 함께 어우러져 분위기가 한층 돋보인다.

로즈메리는 향이 독특하고 잎이 무성해서 울타리로 사용하면 좋을 것 같아 건물 외벽에 붙여 심었는데, 어느새 딱딱한 철판을 가릴 만큼 열심히 자라고 있었다. 창고 같은 느낌을 주는 패널 조립식 외벽을 감추기 위해 심어둔 건데 자기 역할을 충실히 하고 있는 것이다.

외벽 양쪽 가장자리에는 친정에서 가져온 장미 넝쿨에 꽃봉오리가 맺혀 있다. 나는 애써 그 봉오리들을 따낸다. 키를 잘 자라도록 하기 위해서는 아쉽지만 모두 떼어내야 하기 때문이다. 이런 작은 아쉬움을 건디며 더 화려하고 무성한 장미가 되어 날 기쁘게 해줄 거라 생각하니 순간 뿌듯해진다.

작년에 나지막한 축대 밑에 코스모스 몇 그루를 심어 두었는데, 대추나무 그늘 때문에 잘 자라지 않더니 올해는 햇살 좋은 자갈밭으로 번져 벌써 빽빽이 자라있다.

식물들도 충분한 성장을 위해 스스로 더 나은 곳을 찾아서 자리를 잡고 번식하며 살아가나 보다.

조그만 가지를 꺾어다가 꽂아둔 사철나무도 벌써 뿌리가 깊숙이 내렸는지 하루가 다르게 자라 어느새 나지막한 울타리가 되어 자리를 잡아가고 있다.

손님들이 그늘을 찾아 쉬면서 지난밤 못다 한 이야기를 나누고 있는 동안 나는 새로 넓힌 잔디밭에 풀을 뽑는다. 이미 자리 잡은 잔디밭은 잡초가 낄 틈도 없이 무성하지만, 기존의 잔디밭에서 때를 떠서 옮겨 심은 잔디밭은 잔디 사이사이로 잡초가 자라있다.

드문드문 자리한 작은 잡초라도 그대로 방치했다간 금세 풀밭이 되기 일쑤다. 그래서 나는 잔디밭의 잡초만은 내 눈에 보일 때마다 어김없이 뽑아내어 무성해지지 못하도록 예방한다.

잡초의 생명력은 실로 대단하다.

얼마 전 잡초를 뽑아 자갈밭에 쌓아둔 적이 있다. 햇볕에 살짝 마르면 퇴비장에 넣을 생각에서였다. 그런데 그 쌓인 잡초더미 속에서도 새로운 싹을 내밀고 있는 것이 아닌가. 뿌리째 뽑아 나뭇가지에 걸어 놓아도 일주일 동안 죽지 않고 끈질기게 싹을 틔우는 잡초도 있다. 이만큼 끈질긴 생명력의 밑바탕은 무엇일까. 아마 오랜 세월 대대로 이 땅에 뿌리내려 아무리 척박한 환경에도 견딜 만큼 적응력을 키워 왔기 때문일 것이다.

인간도 이런 잡초처럼 강인한 생명력을 가질 수는 없을까, 하고 잠시 생각에 잠겨본다.

보이는 잡초를 대충 뽑아내고 조경수에 가지를 쳐주고 손질을 해놓으니 안정되어 보이고, 어수선하던 공간들이 제대로 정리된 것 같다. 나의 손길이 닿는 곳은 언제나 자연이 웃음을 머금고 행복한 속삭임이 느껴진다.

오리 백숙으로 점심을 대신하기로 하였는데 옆집에서 소나무 향을 담은 연기가 바람을 타고 전해온다.

가마솥을 달굴 장작불은 늘 지은 아빠의 몫이다. 뙤약볕 아래서 장작불 지피는 일이 여간 힘든 일이 아니다. 그럼에도 지은 아빠는 이곳에 올 때마다 온몸을 땀으로 적셔가면서도 즐거워하며 불을 지펴준다. 지은 아빠가 장작불 지피는 일을 왜 그토록 좋아하는지 갑자기 그 이유가 궁금해진다.

지금 장작불 지피는 지은 아빠의 얼굴에 흐르는 땀방울이 몹시 굵어 보인다. 그 땀방울조차 나와 이 농장과 크나큰 인연일 것이다.

내가 마주하는 모든 게 인연 아닌 게 없다는 스님의 말씀이 자꾸 머리에서 맴돈다.

✎ 꺾꽂이하는 법

꺾꽂이는 원 나무의 특성을 그대로 유지한 채 번식이 가능한 방법이다.

씨앗 파종도 개체 증식의 한 방법이지만 과실수는 씨앗으로 번식하면 그 나무 고유의 품성이 사라진다. 즉, 좋은 품종의 밤을 땅에 심어도 밤나무가 자라나기는 하지만 그 나무에서 열린 밤은 품질이 형편없다. 그래서 우량의 밤나무 가지로 접을 붙이는 것이다.

꺾꽂이는 토질과 시기 선택이 중요하다.

우리는 장마가 막 시작되는 시기를 주로 선택한다. 강렬한 태양에 뿌리도 내리기 전 말라버리는 피해를 줄여 성공률을 높일 수 있기 때문이다. 땅은 깨끗한 모래나 마사토가 좋다. 토양 내 공기 유입이 수월해 뿌리내림에 도움이 되기 때문이다.

방법은 크게 어렵지 않다. 번식하고자 하는 수종의 가지를 한 뼘 정도 길이로 자르고, 밑 부분 끝을 45도 각도로 깨끗하게 자르고 윗부분은 직각으로 잘라 조심스럽게 꽂아두면 된다. 꽂는 깊이는 전체 길이의 3분의 1가량이 땅에 묻히도록 하고, 남쪽 방향으로 기울도록 비스듬하게 꼽는다.

땅이 건조한 환경이면 하루에 한 번씩 물을 주어야 하고, 그럴 여건이 안 된다면 먼저 검은 비닐로 땅을 덮어놓고 꽂아두면 땅속의 수분 증발을 막아 성공률이 높아진다. (발근 촉진제를 사용해도 됨)

사철나무, 장미, 개나리, 피라칸타 등은 유실수가 아닌 수목은 비교적 뿌리가 잘 내린다.

여러 가족들이 모여 함께 즐길 수 있는 공간

무덥고 습한 어느 첫째 주 토요일.

한 팀, 두 팀…, 이 조용한 농장에 또 손님들이 찾아든다.

산골에서 나고 도심에서 자란 남편은 총각 시절부터 매달 고향 친구들과 모임을 해오고 있다. 그렇다고 남자들만 모이는 것은 아니다. 여섯 팀의 가족모임이기에 걱정이 앞선다.

오래전부터 그 계원들이 우리 농장에서 계모임을 갖자고 졸라댔지만 미루어 왔다. 그 많은 사람들이 함께할 시설도 안 되고, 잠자리 등 여러 모로 불편할 것 같아 미루면서 한두 가족씩 나누어 방문해주길 원했지만 결국 나의 의사와 상관없이 더 이상 거절할 수 없는 상황에 이른 것이다.

나는 사람들을 좋아하고 불편함 없이 잘 지내는 편이지만 많은 사람들이 좁은 장소에 모여 시끌벅적하게 지내는 불편함을 좋아하지 않는 편이다.

그러나 전쟁은 시작되었다.

토요 휴무가 아니라서 아이들의 학교 수업 일정 등 각자 사정 때문에 도착 시간은 늦은 오후, 이미 하늘이 어둑어둑해지는 시간이다.

삼겹살 파티와 함께 한쪽에선 큰솥에 옻을 넣고 김이 물씬 나도록 끓이고 있다.

불과 1년 전까지만 해도 나 역시 옻닭이나 옻 국물을 먹지 못했다. 피부가 예민한 나는 피부염 그러니까 몸에 옻이 오를까 봐 겁이 났기 때문이다. 그런데 남편이 지인들과 이곳에서 수시로 옻 음식을 해 먹으며 위장에 옻이 좋다는 것이다. 그 말에 유혹되어 맛을 본 것이 지금은 옻 음식을 즐겨 먹게 됐다. 평소 위장이 좋지 않아 늘 신경이 쓰이곤 하였는데 옻을 몇 번 먹은 후로는 아무런 불편을 느끼지 못하고 있다.

그뿐만이 아니라 기관지로 인한 알레르기가 심했는데 농장 생활 덕분인지 옻닭 덕분인지 모르지만, 흔적 없이 사라졌다.

그래서 나는 옻을 더 즐겨 먹기 시작했고, 오늘도 남자들 틈에 끼어 옻을 약처럼 마시면서 나의 대담함을 보인다.

평소 시골 마을의 정적을 가르는 개구리 소리도, 별빛 초롱거리는 밤하늘의 고요함도 한바탕 웃고 떠드는 소리에 묻혀 찾을 길이 없고, 아이들은 늦은 시간까지 쉽게 잠들지 못한다.

밤이 깊어지자 여자들과 아이들은 방 안에 자리를 잡고 남자들은 오래된 모기장 하나로 마루에 방을 만들어 변변한 이불도 없이 차가운 잠자리 신세를 지고도 오히려 흡족해한다. 사실 불편해도 어쩔 수 없는 일이 아닌가. 자초한 일인데.

날이 밝자 조금 무료해 보이는 친구들한테 남편은 각자 밥값 내고 가란다. 그런데 그 밥값 때문에 사달이 벌어졌다.

남편은 한 친구에게 뒤뜰의 풀들을 깨끗이 베 없애라며 낫을 쥐어 준다. 그 친구는 어릴 적 낫질깨나 해 봤다며 그런대로 빠른 손놀림으로 상대를 넘어뜨린다. 땀을 뻘뻘 흘리더니 한참 만에 다 했다며 낫을 내팽개치고는 미니 수영장 안으로 뛰어든다. 밥값을 다 했다며 스스로 만족해하는 모양이다.

얼마나 지났을까.

남편이 뒤뜰을 둘러보고는 제법 심각한 표정이다.

분명히 있어야 할 것이 보이지 않기 때문이다.

남편이 애지중지하며 심어둔 보리수나무가 밑동까지 댕강 잘려져 흔적도 없이 사라진 것이다. 요즘 나오는 보리수나무는 개량종으로 열매도 굵고 탐스럽게 열리지만, 맛은 별로다. 그러나 남편이 심어둔 보리수나무는 그게 아니란다. 1년 전 자동차로 근 네 시간 거리에 있는 고향 선산에 제사 모시러 갔다가 자생하는 보리수나무를 발견하고는 어릴 적 그 맛을 못 잊어 어렵게 이곳에 옮겨 심어둔 것이다. 싹이 돋아나기 시작하자 마른 나뭇가지를 잘라 삼각형의 지주목을 만들어 애지중지 키워온 나무다.

열심히 낫질하던 친구 분과 남편은 한바탕 승강이를 벌인다.

"야. 이거 니가 베 버렸지?"

"응. 그거 잡목 아니었어?"

"야. 내가 미쳤냐. 잡목에 삼각 지주를 해놓게…."

"미리 말을 해주지…"

"너. 시골에서 농사지어봤다는 거 진짜 맞냐? 척 보면 알 건데 이걸 왜 베?"

이 모습이 재밌는지 옆에서 다른 친구 분이 거든다.

"재는 농사는 안 지어봤고 소 꼴은 좀 뱄었지."

이렇게 소싯적 친구들끼리 티격태격하다 이내 웃음으로 번진다.

남편 친구 분들은 하나같이 장난기 가득한 얼굴로 재치와 유머가 넘쳐 언제나 편안하게 느껴지는 친근감이 있는 분들이다.

이렇게 친구들 간의 우정을 과시하며 하루를 마무리할 시간이다. 여자들은 각자 가져갈 야채들을 다듬고 챙기느라 바쁘고, 아이들은 연신 물을 쏘아대며 물장난하느라 시간 가는 줄 모른다.

오랜만의 외출, 여행지에서도 주말농장을 그리다

토요일 오후.

통영 삼덕항 선착장에서 오랜만에 맛보는 충무김밥이 새롭다.

남편이 출근하지 않는 날엔 농장에서 시간을 보내다 보니 특별한 행사가 없는 한 다른 일정을 잡을 수 없다.

모처럼 오늘은 함께 지내온 네 팀의 이웃들과 욕지도 섬으로 여행을 가기로 한 날이다. 마침 애들 모두 학원에서 1박 2일의 캠프를 가게 되어 부부동반으로 가게 된 여행이다.

우리는 미리 선착장에 도착하여 욕지도행 여객선을 기다리는 동안 점심을 먹고 있는 중이다.

이렇게 부부끼리 여행한다는 것 그 자체만으로도 나는 마냥 설렌다. 늘 애들과 함께 애들 위주의 여행이었고 결혼한 지 15(주)년이 다 되어 가는데도 단둘만의 여행이 한 번도 없었기에 이처럼 여유로운 여행이 나를 더욱 설레게 하는 것이다.

우리를 실은 배가 출렁이는 바다를 거침없이 달리자 작은 섬들이 다가왔다 희미하게 사라진다. 갈매기가 반기는 바다 위에 이렇게 내가 서 있다는 것이 마냥 감격스러울 따름이다.

배에서 내리자마자 해변을 따라 구불거리는 도로 위로 드라이브를 즐긴다. 산허리를 돌며 푸른 신록과 짙푸른 바다 내음에 취해 마치 어린 시절로 되돌아간 느낌이다. 푸르고 상쾌한 공기야 농장에서 늘 친구로 지냈지만, 바닷바람에 밀려드는 이 기분은 또 다른 느낌으로 날 사로잡는다.

바다를 끼고 달리는 차창 밖으로 얼굴을 내밀고 두 손을 뻗었다. 상큼한 공기가 바다 내음에 취해 내 품에 안긴다.

차창 밖으로 얼굴을 내민 채 연신 탄성을 지르는 나를 향해 남편은 그 순간을 놓칠세라 연신 카메라 셔터를 눌러댄다.

바다가 훤하게 내려다보이는 전망 좋은 숙소에 도착했다. 오래된 집은 아니지만 제법 깔끔하게 단장되어 있다. 짐을 들여놓고 대충 정리를 마치자 숙소에서 내려다보이는 방파제로 모두 달려간다. 바다 소라를 줍다가 남자들이 채비해 준 낚싯대를 들고 저마다 바다에 드리운다. 내가 던진 낚싯대에도 물고기가 걸려든다. 이렇게 직접 물고기를 잡아본 건 처음이다.

여기 사는 고기들이 눈치가 없는 걸까. 나한테도 고기가 걸려들다니….

큰 체구는 아니지만 기대하지 않았던 물고기들이 제법 많이 올라온다. 낚싯대를 붙들고 한참을 서 있다 보니 다리가 후들거리고 쉬고 싶은 유혹이 앞선다. 남자들만 방파제에 남겨 두고 숙소로 돌아오니 빗방울이 쏟아지기 시작한다.

잡아온 바다 소라를 삶아 먹고 있자니 빗방울이 더욱 세차게 쏟아진다. 허겁지겁 남자들이 아이스박스를 들고 나타났다. 밀려오는 어둠과 세차게 내리는 비에 쫓겨 숙소로 도망쳐온 남자들은 쉴 틈도 없이 요리를 시작한다.

여행을 떠나기 전. 여행지에서의 모든 음식은 남자들이 책임지겠다며 재미난 약속을 한 상태라 별도리가 없는 상황이다. 잡아온 물고기로 회도 뜨고 얼큰한 매운탕까지 만들어 주는 바람에 모처럼 느껴보는 편안하고 행복한 시간이다.

밤새 비가 내리더니 남은 여정을 즐거이 보내라는 배려인지 아침 일찍 비가 그치고 화창한 날씨가 우릴 반긴다.

다시 선착장으로 향하는 우리는 올 때와는 다른 코스를 따라 돌며 경치 좋은 곳에 차를 세우고 여러 가지 포즈로 추억을 카메라에 담는다. 여행은 언제나 그렇듯이 늘 아쉬움을 남긴다. 선착장까지 이동하는 동안에도 못내 아쉬워하며 남은 일정을 마무리한다.

모처럼의 여행.

돌아오는 뱃머리에서 하얗게 부서지는 포말을 훔쳐보며, 오늘 돌봐주지 못한 나의 농장이 나를 기다리고 있는 것 같아 미안한 생각이 든다. 또 무엇이 얼마나 자라서 어떻게 변해 있을지 궁금해지기 시작한다.

잡초는 얼마나 자라있을지… 애써 심은 초록이들은 어떤 모습으로 지내고 있는지… 어젯밤 비에 야채와 과일이 주인의 손길을 기다리다

지처 허무하게 떨어지지나 않았는지….

　오랜만의 외출을 아쉬운 추억으로 남긴 채 애타게 주인을 기다리는 농장을 떠올리며 나는 오늘도 꿈에 젖는다.

주말농장은

끝없이 먹거리를 내어주는

풍요의 바다

주말농장은

상쾌한 공기로 마음을 씻어내는

정화의 바다.

주말농장은

아름다운 풍광으로 시선을 사로잡는

영롱한 에메랄드빛 바다

✍ 즐거운 주말농장을 위한 나만의 철학

1. 자연을 사랑하고 더불어 살아갈 수 있어야 한다

전원생활에 관심이 있어야 자원을 활용할 수 있고 꾸준한 노력에 따른 결실을 얻을 수 있다.

2. 혼자가 아닌 둘 이상이면 좋겠다

혼자서 취미로 하기에 어려움이 많으나 부부가 함께한다면 자연스레 소통할 수 있어 정

서적으로나 경제적으로 더없이 좋은 취미생활이 된다.

3. 쉴 수 있는 공간이 있어야 한다

주말농장이라고 해서 농작물만 기르다 보면 쉽게 실증을 느끼기 쉽고, 지치고 힘들어 흥

미를 잃어버리기 쉽다. 일하면서 쉴 수 있는 적당한 공간이 함께 있을 때 자연은 더 아름

다워 보이고 여유롭게 다가올 것이다.

4. 햇볕이 잘 드는 양지쪽이 좋겠다

농작물이나 과실수들의 수확물은 햇볕에 크게 좌우된다. 아무리 잘 가꾸고 노력해도 햇

볕이 잘 들지 않은 곳이라면 노력의 결실이 적어 만족감이 줄어든다.

5. 적당한 양의 텃밭을 갖춰 골고루 심어 가꾼다

과욕은 금물이다. 많은 양의 작물 재배는 취미가 아닌 노동 그 자체가 된다. 여러 종류의

작물을 소량으로 재배하면 싫증이 덜하고 포기하지 않게 되고, 일하는 재미와 유기농의

식생활, 수확의 기쁨이 배가된다.

평일엔 농장 대신 백여 종의 다육이들과 함께

봄이 시작된 지 얼마 지나지 않은 듯한데 날씨는 한여름과도 같다.

문득 책을 읽다 내 마음을 사로잡는 글귀가 눈에 띈다.

'대부분의 사람들이 자신을 죽음으로 몰아갈 만큼 걱정을 하며 그 걱정은 정신 에너지를 쓸데없이 허비하여 결국 최악의 상태에서 자신을 돌아보게 된다.'라는 말과 함께 '걱정을 그만두면 건강은 좋아질 것이다.'라는 처방까지 남기고 있다.

동감이다. 내가 가진 걱정과 스트레스를 쌓아두지 말자. 나에게는 마음의 평화를 안겨주는 아지트가 있지 않는가!

더운 날씨에 무력함이 느껴져 아파트 베란다로 나갔다.

언제 보아도 흐뭇하고 나만의 공간이 되어버린 다육이들로 가득 찬 베란다를 수도 없이 들락거린다. 오죽하면 아이들이 엄마는 베란다에서 산다고 그럴까.

다육식물은 물을 많이 머금고 있기에 물을 자주 주지 않아도 되고 거름 없이도 잘 자라며 햇빛을 받는 양에 따라 모양과 형태가 달라진다.

햇빛이 없으면 웃자라 잡초가 되어버리기 일쑤고 많은 햇빛을 쬐면 알록달록 화려해지고, 수형(樹形)이 잘 잡히면 우람하면서도 올망졸망한 멋진 작품으로 탄생한다.

어느새 좁은 베란다엔 백여 종이 넘는 다육이들로 넘쳐나고 다육이 사이로 길을 낸 자리를 제외하고는 움직일 공간도 없다.

베란다 안 햇빛만으로는 부족하여 많은 양의 다육이들이 난간에 올라가 일광욕을 하고 있다.

조그만 잎 하나로도 번식할 수 있고 뿌리 없이 꽂아두어도 이내 뿌리가 생겨 잘 자라는 걸 보면 마치 잡초 같다.

내가 가진 다육이들은 대부분이 분양을 받아 키운 것들이다.

다육식물을 알게 되고 한참 관심을 가질 때쯤, 어느 주유소에서 우연히 다육식물 같은 식물을 발견하고는 나도 몰래 차에서 내렸다. 언제부터인가 좀 특이한 식물을 보면 나도 모르게 눈길이 가고 발걸음이 멈춰지는 것이다. 특히 다육식물을 발견하고는 그냥 지나치는 법이 없다.

내게 없는 품종이라 유심히 관찰하는데 사장님이 먼저 말을 건넨다.

"식물을 좋아하나 봐요"

"잎 몇 개만 따 가면 안 될까요?"

"이걸로 나물 해 드실 양이 되나요? 이것도 먹는 건가…"

사장님은 제법 진지한 표정이면서도 말을 흐린다.

나는 웃음을 참으며, 다육이의 생태를 잘 모르시는 것 같아 자세히 설명해주고는 잎을 몇 장 따 손에 쥐고 흐뭇한 맘으로 차에 올라탔던 일이 생각난다.

그때만 해도 다육식물이 잘 알려지지 않은 때라 주유소 주인도 다육이의 존재를 잘 몰랐던 것 같다.

평소 이웃 사람들을 만나면 인사말 정도 주고받을 뿐, 특히 처음 보는 사람과는 쉽게 친해지지 못하는 내가 그때는 어떻게 그런 용기가 생겼는지….

다육식물이 나에게 준 선물인 것 같다. 다육이를 주제로 한 공간이라면 쉽게 어울릴 수 있으니 말이다.

다육식물은 또 하나의 큰 특징이 있다.

똑같은 품종이라도 큰 그릇에 심으면 크게 자라고, 작은 그릇에 두면 작품성은 있어도 크게 자라지 못하는 경향이 있다. 사람이라고 다르겠는가. 큰 꿈을 꾸는 사람은 높은 곳으로 비상하지만 꿈마저 없는 사람은 자기 자리에서 맴돌 뿐이다.

언젠가는 주말농장에 다육이들을 위한 공간을 만들고 싶다.

다육식물은 수분을 많이 저장하고 있어 사막지대나 대체로 물을 많이 필요로 하지 않는 환경에서 잘 견딘다.

습기가 적고 햇빛이 잘 드는 따뜻하고 통풍이 잘되는 곳이 좋으며 잎 하나로도 새로운 생명체를 가질 수 있는 번식 또한 강한 식물이다.

좋은 흙이면 더 좋겠지만, 분갈이와 영양제 없이도 적당한 물과 햇살 아래서도 화려한 색색으로 잘 자라며 수형을 잡아가며 작품을 만들 수 있다.

그늘에서 키우거나 물을 많이 주면 웃자라고 물러버리기 쉽다.

다육식물은 종류별로 적합한 햇빛의 강도가 다르지만 대체로 많은 햇빛을 필요로 한다.

봄가을에 잘 자라고 여름엔 벌레들의 습격을 받기 쉽고 장마철에 녹아내리는 경우가 많다. 가을에 물이 가장 잘 들고 추운 겨울엔 수분이 많은 관계로 쉽게 얼 수 있어 겨울철 대비를 해야 한다.

화분을 고를 때엔 전통적인 분위기나 자연적인 이미지가 담긴 화분이면 더 돋보인다.

큰 화분에 심어두면 잘 자라고 물을 자주 주지 않아도 되며 관리가 비교적 수월하지만, 흙은 배수가 잘되는 것이 좋다.

전자파를 차단하며 최근 정원 가꾸기와 인테리어 소품으로도 많이 사용된다.

주말농장은 계절마다 주인공이 바뀌는
자연의 드라마

만물이 다시 태어나는 봄이다.

겨울이 저물어가고 양지쪽엔 벌써 쑥과 머위 등 봄을 알리는 나물들이 싹을 틔운다.

때가 되면 어김없이 찾아오는 봄이라지만 춥고 삭막했던 긴 겨울을 지나 맞이하는 따뜻한 봄기운은 우리에게 더 없는 생동감과 희망을 안겨 준다.

어설프게 시작했던 텃밭도 어느덧 제법 모양새가 만들어지고 텃밭 한쪽 정원에도 잔디가 무성하게 자라 시간의 흐름을 말해준다.

구석구석 정리된 텃밭에는 가시오가피, 산나물, 부추, 당귀, 돈나물(돌나물), 머위 등 한번 심어두면 계속 먹거리를 만들어주는 식물이 자라고 있다.

계절별로 주인이 바뀌는 공간은 우리네 삶과도 같다.

봄이면 상추를 비롯한 시금치, 감자, 딸기, 완두콩이 입맛을 돋워준다.

특히 감자와 상추는 심는 수고만으로도 생각했던 것 이상의 먹거리를 남겨주어 우리를 즐겁게 해주는 것들이라 한 해도 거를 수가 없다. 비료도 농약도 주지 않고 풀을 매는 수고까지 덜어주기 때문이다.

여름엔 오이, 옥수수, 강낭콩, 토마토, 방울토마토, 호박, 참외, 풋고추가 우리를 반긴다.

농약을 첨가하지 않은 고추는 벌레가 먼저 차지해버린 것들이 많다. 그러나 우리가 먹을 풋고추는 따로 감추어 놓았는지 손을 뻗으면 언제나 부드럽고 매운맛을 즐기게 해준다.

더운 여름날. 땀 흘려 일하다 출출해지면 주렁주렁 열린 오이와 풋고추를 따다 된장에 찍어 먹으면, 다른 반찬 없이도 순식간에 밥공기를 텅 비게 한다.

선선한 가을바람이 잎새를 흔들면 그냥 보고 있는 것만으로도 나는 즐겁다. 누가 봐주지 않아도 애써 취하지 않아도 홍겹기 때문이다. 읊을 수 있는 시조라도 있으면 큰 소리로 홍얼거리고 싶어진다.

온 밭에 붉게 물든 대추 열매는 화려한 봄꽃보다 아름답게 온 밭을 수놓고, 붉어지다 지치면 초콜릿보다 달콤한 내음을 흩날린다. 널찍하게 자리 잡은 고구마는 짙은 보라색 줄기로 토실토실한 땅 밑을 감춘 채 밭이랑이 찍찍 벌어지도록 튼실한 속살을 내민다.

나는 이런 고구마밭을 볼 때마다 군침을 삼킨다. 겨울철 난로나 장작불에 구워 먹으면 어릴 적 추억을 떠올려주는 좋은 영양식이기 때문이다.

한번은 오래도록 군고구마를 먹어 볼 욕심으로 서리가 하얗게 내리도록 약간의 고구마를 캐지 않고 놔둔 적이 있다. 주말농장에 들를 때마다 조금씩 파내 장작불에 구워진 군고구마 맛을 오래도록 즐기기 위해서다. 밤새 내리는 서리에 잎들이 검게 변하도록 놔둔 것이다. 그러다 갑작스러운 강추위에 꽁꽁 얼어붙은 고구마를 넋 잃고 아쉬워해야 했던 기억이 난다.

자연은 인간의 욕심과 탐욕을 절대 용납하지 않는가 보다.

매서운 바람이 겨울을 몰고 오면 이곳도 모든 움직임이 자취를 감춘다. 간간이 바람에 나뒹구는 낙엽들만 바스락거리며 나를 시인으로 만든다.

늦게 씨를 뿌린 상추와 시금치만이 짧은 겨울 햇살을 즐기느라 옹기종기 모여 있어 묘한 대조를 이룬다.

지난해 겨울.

나무들이 정지된 상태라 과실수를 겨울에 옮겨 심으면 좋다는 친정 어머니 말씀대로 사과, 배, 복숭아, 자두, 매실, 포도 묘목을 구해 아주 어린 놈을 심어 놓았다. 한여름 뙤약볕 때문인지 지금은 제법 굵고 많은 가지가 뻗어있다. 이들도 이 겨울을 이겨내며 곧 결실을 맺겠지….

겨울을 아름답게 준비하는 자만이 희망찬 봄과 풍성한 계절을 누릴 것이다.

철마다 옷을 갈아입는 농장을 둘러보며 난 이렇게 늘 희망을 노래하지만, 세월이 흘러간 흔적 앞에 때론 숙연해진다.

만물이 깨어나는 공간

또다시 봄은 시작되고

꽁꽁 여미었던 옷차림도

가벼워진 봄이 왔다.

긴긴 추위와

움츠렸던 시간들은

봄바람에 녹아 사라지고

눈 깜짝할 사이

계절은 바뀌고 있다.

주말농장 TIP

✎ 보고, 듣고, 배우고, 체험을 통해 알게 된 각종 채소 재배법

• 방아, 부추(정구지), 돌나물(돈나물), 취나물, 치커리, 머위

소량의 뿌리를 한 번만 심어두면 번식력이 강해 몇 년 동안 반복하여 수확할 수 있는 작

물이다. 한쪽 모퉁이에 밭을 만들어 심어 두면 잡초도 나지 않고 때가 되면 알아서 싹을

틔우므로 재배하기 쉽다.

부추는 3년~5년마다 뿌리를 캐낸 후 쪼개서 다시 옮겨 심어주면 좋다.

• 토마토, 오이, 가지, 참외, 수박, 호박, 고추

햇빛이 잘 드는 곳에 밑거름을 충분히 주고 모종을 심어두면 된다. 토마토와 오이는 튼

실한 기둥을 세우고 성장에 맞춰 줄기를 기둥에 묶어주고, 공기가 잘 통하게 하여주면

많은 수확이 가능하다. 수박과 호박은 지주가 필요 없이 땅바닥으로 번지게 하고, 심을

때는 구덩이를 깊고 넓게 파서 거름을 듬뿍 주어야 한다.

- **상추, 깻잎, 옥수수**

  토질을 가리지 않으므로 약간의 거름만 줘도 잘 자란다. 땅이 마르지 않게 제때 물주기
  만 해주면 되므로 힘들이지 않고도 수확이 가능하다.

- **고구마, 감자, 땅콩**

  감자는 적당히 퇴비를 주고 두둑을 높게 만들어 물 빠짐이 좋게 해준다. 검은 비닐로 멀
  칭(토양의 표면을 덮어주는 일)한 후 씨감자를 심은 부분에 햇빛을 받을 수 있도록 × 자로
  칼자국을 내준다. 줄기가 너무 많으면 감자가 조그맣게 열리므로 2, 3개의 줄기만 남기
  고 나머지는 제거해주는 것이 좋다. 감자 생육 초기에는 보통 봄 가뭄이 심한 경우가 많
  으므로 적절히 물을 대주면 좋다.

  고구마는 비닐 멀칭이 필요 없고 애써 거름을 줄 필요도 없다. 적당한 수분만 있으면
  맨땅에서도 잘 자란다. 장마가 시작되기 전 감자를 수확하고 그 자리에 고구마순을 심
  으면 되는데, 뿌리가 없는 순을 심기 때문에 순 묻을 자리를 주먹 크기 정도로 판 후 물
  을 듬뿍 채우고 심으면 순이 말라 죽는 일은 거의 없다.

  땅콩은 되도록 모래가 많이 섞인 땅에 심고, 특히 열매가 생기기 시작하면 두더지 피해
  에 주의하면 된다.

Step 29

낭만이 두 배, 주말농장의 야외조명을 밝혀라

주렁주렁 열린 대추가 한참 굵어지는 여름.

트렁크에 한가득 짐을 싣고 농장으로 향한다. 오늘은 트렁크뿐만 아니라 앞뒤 좌석에 걸쳐 기다란 쇠파이프까지 실려 있다. 아지트에 멋진 정원등 설치를 위한 자재들이다.

앉은 자리가 불편하고 불안하지만, 또 뭔가를 만들어 꾸며질 농장을 생각하면 설레고 뿌듯한 맘이 앞선다.

텃밭에서 하룻밤을 지낼 때면 늘 뭔가 허전하고 아쉬웠던 것이 야외조명이었다. 방과 마루에 불이 켜지고 어둠이 까맣게 내린 늦은 밤. 나무 사이사이에 드리운 검은 그림자 때문에 바깥 활동이 불편하고 무섭다는 생각이 들었는데 드디어 작은 소망이 이루어진다.

오래전부터 야외조명 설치를 생각해 왔지만 이런저런 이유로 미루어 오다 얼마 전 텃밭을 방문한 이웃 분의 제의와 야외에서 음악을 들을 수 있게 해 두면 좋겠다는 나의 제안에 따라 계획을 세운 것이다.

물론 돈 주고 구입하면 예쁘고 간단히 해결할 수 있겠지만, 이런 계획을 세울 때 내가 늘 우선시하는 것은 비용의 절감과 하고자 하는 열정으로 만들어낸 결과의 보람이다.

조명등 전문 상가를 찾아가 전선과 스위치 등 필요한 재료를 구입하고 가로등 설치용 기둥을 근처 재활용센터에서 구입했다.

남편과 나는 2미터 전후의 적당한 굵기로 쇠파이프 두 개를 골라 차에 실었다.

필요한 자재들을 싣고 농장으로 향하는 길에 먼저 남편 친구 동칠 씨의 공장에 들렀다. 야외조명용 기둥을 가공하기 위해서다. 동칠 씨는 야외용 테이블을 만들 때 같이 땀을 흘려준 고마운 분이다. 남편은 머릿속에 그려놓은 도면을 설명하며 절단과 용접을 동칠 씨께 부탁한다. 얼마쯤 지났을까. 가져갔던 파이프 한쪽에는 동그란 철판이 붙고 다른 쪽에는 적당한 쇳조각이 십자가 모양으로 붙어 있다.

우리는 가공된 쇠파이프를 싣고 다시 텃밭으로 향했다. 들릴곳이 많아 오후 늦게 출발한 관계로 텃밭에 도착하니 벌써 땅거미가 내려앉기 시작했다.

무엇이 그리 급했을까. 우리는 도착하자마자 실외조명 설치 작업을 시작한다.

먼저 조명등을 설치할 주차장 모퉁이 한 곳을 골라 기둥 묻을 곳을 깊이 파낸다. 그러고는 그곳까지 전선을 땅속으로 설치해야 하는데, 그냥 전선만 묻으면 안 되고 주름진 파이프 속으로 전선을 넣어 묻어야 한다. 그래야 빗물이 스며들어도 안전하고 다른 작업 도구에 의해 전선이 훼손되는 사고를 막을 수 있기 때문이란다. 이미 남편의 머릿속에는 작업 순서와 방법까지 다 그려놓고 있는 것 같은 생각이 든다.

두 가닥짜리 전선과 함께 스피커 선으로 쓰일 두 가닥의 얇은 선을 이십 미터 정도 길이의 주름관 속으로 통과시키려니 여간 힘든 것이 아니다.

실패를 거듭하다 보니 날은 이미 어두워 사방 분간이 안 된다. 이런 전문적인 일은 내가 나설 수 있는 입장도 아니고 초조한 마음으로 곁에서 시키는 일에 최선을 다할 뿐이다.

오직 희미한 플래시 불빛에 의지한 채 아들 인호 녀석까지 합세하여 거들지만 그게 마음같이 쉽지가 않다.

남편은 주름관을 너무 가는 걸로 산 것 같다며 못내 아쉬워하면서도 어둠을 의식하지 않고 아예 장기전에 돌입할 태세다. 작업 공간을 밝히기 위해 남편은 자동차 방향을 적당히 조절한 후 전조등을 훤히 켜 놓는다.

어렵게 한 가지 작업을 끝낸 후 준비해간 쇠파이프 기둥에 조명기구를 맞춰 조립하고 전선을 연결한다. 그러고는 파놓은 구덩이에 기둥을 세운 후 넘어지지 않도록 돌을 채워 세워두고 남편은 스위치 연결 작업을 한다.

늦은 저녁. 특히 배고픔을 참지 못하는 남편한테 미안한 생각이 들어, 나는 딸 유진이와 서둘러 저녁을 준비해 본다.

저녁 준비가 거의 끝날 무렵. 남편과 아들이 빨리 나와 보라며 나를 부른다.

"그래도 점등식은 자기가 해야 할 거 아녀…"라며 나더러 스위치를 올러보라고 한다. 늘 남편은 나를 소중하게 생각하는 마음이 특별했다.

스위치에 힘을 주는 순간, 주차장 쪽 대추나무 사이에서 하얀 불빛이 번쩍인다.

분위기를 좋아하는 나에게 먼저 불을 켜보게 해준 남편의 배려가 그저 고맙게 느껴진다.

캄캄한 밤하늘과 화려한 야외 조명등 불빛이 어우러진 이 공간에 사로잡혀 그저 정겹고 밤이 아름답다는 사실을 느끼는 순간이다.

남편의 실력을 모르는 바 아니지만, 매번 감동과 감탄이 절로 나온다. 주말농장을 안 했더라면 숨겨진 남편의 실력을 보지 못했을 것이다.

비록 딱딱한 쇠기둥 위에 자리한 조명등이지만 등기구 모양이 앙증맞아 예쁘기도 하고 캄캄한 어둠 속에 우뚝 서서 환하게 웃는 불빛을 보니 갑자기 주위의 어둠까지 와락 끌어안고 싶어진다.

조명불빛 주변의 나뭇잎들은 유난히 푸른빛을 내며 반짝거린다.

그렇게 야외조명 점등식을 간단히 마치고, 하나 남은 조명등과 마무리 작업은 다음 날로 미룬 채 멀리 서 있는 실외조명 불빛을 몇 번이고 떠올리며 잠을 청했다.

눈 깜짝할 사이에 물살처럼 흘러가는 시간들은 이곳 농장에서 더 실감하게 된다. 그러기에 순간순간을 충실하게 보내지 않을 수 없는 현실과 주어진 시간들의 소중함을 절실히 느끼게 한다.

다음 날.

일찍 서둘러 못다 한 잔디밭에도 나머지 조명을 설치하였다. 땅을 파 전선을 모두 묻고 기둥이 넘어지지 않도록 구덩이를 돌로 채우며 시멘트로 단단히 고정하였다.

이렇게 하나 남은 야외조명을 설치하고 나니 농장의 밤 풍경이 그리워진다. 해가 지면 늘 컴컴한 어둠 속에 묻혔던 잔디밭도 뽀얀 불빛 아래 한결 여유로워 보이고 여름밤의 운치를 내뿜을 것이다.

초라한 농장이지만 찾아드는 어둠 속에 빛나는 조명등만으로도 자연 속의 화려함을 느낄 수 있는 곳.

모든 것을 생각만으로 끝내지 않고 실천으로 이어질 때 보람과 만족을 얻게 된다. 더불어 주어진 현실에 감사하는 마음으로 살아간다면 불평이나 원망 없이 더 나아가서는 정신 건강에 많은 보탬이 될 것 같다.

주말농장을 하면서 내게 많은 변화가 있었지만 그중 많은 것에서 감사하는 마음을 가슴 깊이 느껴왔다. 자연에 감사하고 자연과 더불어 함께한 남편과 지인들에게 감사하며 순간순간 주어진 현실에 감사하는 마음….

행복은 멀리 있는 것도 아니며 누가 가져다주는 것도 아니다. 나의 노력과 열정으로 만들어지는 스스로의 만족이 곧 행복일 것이다.

반가운 손님, 불편한 손님

아이들을 학교에 보내고 누가 먼저랄 것도 없이 남편과 나는 서둘러 나갈 채비를 한다. 금요일쯤이면 다음날 농장에 가져갈 것들과 할 일을 계획하며 나누는 대화를 하였는데 어제는 여러 가지 바쁜 일로 생각 없이 토요일 아침을 맞는 날.

말이 없어도 계획 없이도 우리는 때가 되면 밥을 먹듯 주말이면 집을 나서 농장으로 가는 일이 생활화되어버렸다.

농장에 도착하니 지난주 풀을 매지 않은 티가 그대로 난다. 입구부터 잡풀이 무성하게 자라있고 농작물 사이로 우뚝 솟은 바람개비가 열심히 돌고 있다. 뿌리식물을 가꾸게 되면서 두더지가 제 세상인 양 활기를 치고 다녀 고민했는데 늘 그렇듯 인터넷을 통해 남편은 많은 정보를 얻는다. 올봄에 대나무 기둥에 여러 가지 바람개비를 만들어 두었더니, 바람개비가 돌면서 울리는 진동에 두더지가 사라졌다.

오늘도 주인 없는 농장을 지키는 바람개비가 지치지도 않고 제 몫을 다 하고 있었다.

　이곳에서 수확한 돌들로 놓인 돌 징검다리를 지나 샌드위치 패널로 된 쉼터에 도착하니 해바라기 몇 그루가 어느새 부쩍 자라 지붕 키를 넘겼다. 마치 작은 나를 보기 위해 고개 숙여 방긋 웃고 있는 해바라기 꽃이 정겹다.

　울창하게 자란 머루 포도나무에선 어느새 열매를 맺고 익어가지만 이름도 알 수 없는 화려한 새들이 날아와 마치 제집인 양 드나들며 맛있게 먹고 있다.

　사람을 의식하지 않고 자연스럽게 마구 먹어대는 모습이 싫지 않다. 아침에 새소리가 날 반겨주고 자연이 내게 준 많은 것들에 대한 작은 배려라고나 할까….

　시간이 흐르면서 수많은 곤충들과 여러 종의 깜찍한 새들 이곳 주말농장에 머무르는 모든 생명체가 가족이 되었다.

　잠시 후 농장을 둘러보던 남편이 나를 부른다. 지난해 몇 그루 심은 땅콩 농사가 풍년이라 올해는 많은 양을 심었더니 산속 깊은 곳까지 전해졌나 보다. 어떻게 알고 뒷산에서 마을을 지나 아래 농장까지 내려왔는지… 멧돼지가 흔적을 남기고 갔다. 3년 동안 한 번도 이런 일이 없었거늘…. 파헤쳐진 땅콩밭을 보면서 가슴 아프다기보다 멧돼지한테 나의 아지트를 내어 줘야 하다니 겁부터 덜컹 났다. 사람을 위협할 수도 있는 산짐승이 농장을 드나든다는 사실에 놀라지 않을 수 없는 일이다.

　지난겨울 메마른 땅에 곰 발자국 같은 커다란 짐승의 발자국에 인호가 다급히 나를 불러 보게 되었지만, 우연히 만들어졌겠지 하는 생각으로 대수롭지 않게 넘겼다. 아마도 그 발자국이 먹이를 찾아 내려온 멧돼지일 수도 있겠다는 생각이 잠시 내 머릿속을 스쳐 지나간다.

언제 또다시 올지 모를 멧돼지를 생각하면서 불안해지기 시작했다. 남편은 주차장으로 뻥 뚫린 입구를 싸리나무를 이용해 대문을 달아야겠다고 한다. 그나마 나름 심어둔 울타리 나무가 어서 자라주길 바라는 맘과 하루빨리 대문을 완성하고픈 나의 마음은 다가오는 가을을 재촉해본다. 가을이 오고 잎이 떨어지면 싸리나무를 베어다가 대문을 완성할 수 있기 때문이다.

텔레비전에서 멧돼지가 한 도시에 나타났다는 보도와 농부들이 겪는 멧돼지 피해의 심각성을 듣긴 했지만, 별일이 다 있네 하고 무심코 넘긴 일들이 먼 이야기가 아닌 듯하다.

그동안 주변 정리와 시설에 바쁘다 보니 농사는 남편 차지요, 수확은 오는 손님 몫이었는데 주말농장에 부족하나마 시설이 갖추어지고 손 볼일이 적어지면서 나 역시 우리의 먹거리에 자연히 관심을 가지게 된다.

수확을 하고 일주일이 지나면 또다시 풍부한 먹거리를 주는 오이와 토마토, 참외, 고추 등 누가 시키지 않는데도 유기농 먹거리는 주말마다 생겨나 우리를 유혹한다. 이곳은 우리의 대형 보물창고인 셈이다.

그렇게 우리는 자연이 주는 고마움에 한주도 거를 수가 없다.

봄철에 한 번 심어두면 해마다 싹이 돋아 열매를 맺고 더 많은 양으로 번식하는 새콤달콤한 노지 딸기. 딸 유진이가 특히 좋아해서 번식되는 대로 밭을 늘리다 보니 꽤 많은 양을 수확하게 되었다. 시중에서 파는 하우스 딸기보다 노지 딸기라서 더 새콤달콤한 맛에 아이들은 농장 딸기만을 고집한다.

고추는 다른 농작물과 달리 농약을 많이 사용한다는데 남편은 마늘과 마요네즈를 섞어 가끔 뿌려주거나 목초액을 뿌려 병충해도 막고 안전한 먹거리로 우리에게 만족을 준다.

빨갛게 익은 고추는 따서 씻었다가 그늘에 살짝 말려 시들해지면 햇볕에다 말려야 한다. 고추를 바로 따서 햇볕에 말리면 색깔이 하얗게 변한다고 한다.

평일엔 도시에서 지내야 하기에 농작물을 말리려니 어려움이 많다. 그나마 아파트 옥상이 개방되어 말릴 수 있어 다행이다. 요즘은 매일 아침 아이들과 남편을 배웅하고 나면 고추의 안부를 묻기 위해 옥상으로 가서 이웃들과 차를 마신다. 빨갛게 물든 먹음직스러운 고추가 햇빛에 반짝이며 빛나는 광경을 보면서 작은 행복을 느낀다. 하루는 고추들이 바람을 타고 다시 밭으로 가려는지 옥상 여기저기에 흩어져 잡으려 하면 더 멀리 날아가고 잠시 전쟁을 치른 적도 있다.

만들어진 고춧가루만 먹다가 수확을 해서 먹게 되는 과정까지 번거로움과 불편함이 있어도 와 닿는 뿌듯함이란 경험해보지 않으면 알 수 없을 것이다.

어릴 적 친정어머니께서 자식들 입속으로 음식이 들어갈 때 가장 행복하다시며 흐뭇해하시던 모습이 생각난다.

그땐 일하시는 어머니 곁에서 일 그만하라고 보채며 힘든 일을 즐겁게 하시는 모습이 이해되지 않았던 내가 지금은 그때의 어머니를 많이 닮아있다.

쌀농사를 제외하고는 웬만한 먹을거리를 안겨주는 작은 농장에서 자연과 함께 숨 쉬며 오늘도 나는 마음을 비울 수 있다는 것이 얼마나 행복한지 모른다.

세계 최고의 부자 빌 게이츠도 부럽지 않을 정도로 내가 가진 작은 행복에 감사한다.

하루해가 저물어가고 자연이 준 선물로 한가득 수확하고는 떨어지지 않는 발걸음을 옮기며 오늘도 그렇게 아쉬움을 달래본다.

쑥국에 비빔밥을 먹자

향긋한 쑥과 영양가 많은 민들레 부추 돌나물….

한가득 집어 들고도

대가를 지불하지 않는

행복을 파는 시장에서

불안과 걱정으로 지친 몸과 마음에게

맑은 공기와 안전한 먹거리로

건강을 주는 시장에서

손을 뻗으면 망설임 없이

필요한 모든 것을 내어주는

편리한 시장에서

나는 오늘도 이곳에서

나의 꿈 우리의 사랑 가정의 행복을

값없이 한정 없이 담아온다.

Step 31

비가 주는 행복, 찾아온 딱따구리

봄 햇살이 가득한 양지바른 농장에 산들바람이 불어온다.

오늘은 농장에서 할 일이 너무도 많다. 감자도 심어야 하고 친정어머니께서 보내주신 도라지와 더덕도 심어야 하고 대추나무를 벤 자리에 밭도 만들어야 한다.

우선 일 년 농사 중 가장 중요한 감자를 먼저 심기로 했다. 남편은 감자밭을 만들어 거름을 미리 해두었는데 그곳에 감자를 심고, 꽃샘추위와 가뭄을 견디고 흙이 다져지지 않도록 비닐을 덮는다. 온 가족이 좋아하고 저장식품이라 이웃과 나눠 먹기 좋은 감자를 심는 동안 나는 남편이 만들어 준 밭고랑에 도라지와 더덕이 튼실하게 자라길 바라며 하나하나 정성껏 묻었다.

얼마 후 출출해하는 남편을 위해 막걸리와 간단한 안줏거리를 준비해 그늘 밑 야외 테이블에서 자연을 배경으로 이런저런 이야기를 안주 삼아 대화하며 꿀맛 같은 평온한 시간을 보낸다. 남편은 땀방울로 샤워하고 불편한 상황을 오히려 즐기는 자연인 같다. 이내 우리는 각자가 할 일을 찾아 나선다.

일을 마치고 허리를 펴니 이슬비가 간간이 떨어진다. 농장에서 비 내리는 밤은 분위기도 있지만, 비가 가까이서 떨어지는 소리와 어둠 속으로 불빛에 떨어지는 광경은 말로 표현할 수 없는 설렘이 있다.

일박하는 오늘 내리는 비는 더 반가운 손님이다.

점점 더해 가는 빗방울에 우리는 이른 저녁을 먹기로 한다. 남편이 숯을 만드는 동안 나는 한참 물이 올라 풍성해진 잔파와 겨우내 한파와 싸워 이겨낸 쌈 배추를 다듬고 저녁상을 차린다.

떨어지는 빗소리를 들으며 내리는 빗속에 갇혀 밤늦도록 술잔을 기울이며 소중한 시간을 보낸다.

지난밤 내린 비로 그동안 굶주린 초록이들은 갈증을 해소하고 비를 기다리던 농작물들은 웃음꽃을 피웠다.

맑게 갠 아침 새소리가 단잠을 깨우는 농장의 아침에 특별함이 찾아왔다.

가까이에서 들려오는 새 소리 외에 또 다른 소음이 기계톱 같기도 하고 정체 모를 소리가 단잠을 깨운다. 무슨 소릴까? 궁금해하면서도 어제 늦게까지 잠 못 든 탓에 눈을 뜨지 못했다

먼저 방문을 열고 나선 남편이 딱따구리 같은데 아무리 찾아보아도 보이지 않는다는 말에 번쩍 눈을 뜨고 일어나 창문을 열었다.

책 속에서 텔레비전에서만 봐왔던 딱따구리의 존재를 가까이에서 느끼는 순간 신비했고 보고 싶은 맘에 찾았지만, 왠지 모를 요란한 소

리만 들릴 뿐 보이지 않는다. 나무가 아닌 철판을 쪼아대는 소리 같아 전봇대를 보니 화려하고 몸집이 작은 딱따구리가 연신 뾰족한 부리로 쪼아대고 있다. 이내 포기하고 다시 날아간 곳도 나란히 자리한 전봇대 기둥이다. 나무가 아닌 딱딱한 구조물이 왜 맘에 들었을까?

그리고 얼마후 뒷산 깊은 곳으로 날아가 버린다.

꽃들은 계절을 모르고 피어나고
과일은 제철이 아니라도 먹을 수 있다

오늘 찾아온 딱따구리는
호기심 때문이었을까?
자연 속 나무 대신
인간이 만든 콘크리트 위를 두드렸다.

특이한 소리 때문일까?
시끄럽지도 않은지 딱딱한 구조물을
부서져라 쪼아댄다

새로운 도전을 위해서 자연을 벗어나려 했을까?
자연이 제자리라는 걸 깨달았는지
이내 포기하고 자연 속으로 사라진다.

step 32

농장을 찾은 친구와 대나무 수확을 하다

누구에게나 공평하게 주어지는 게 있다면 시간이다

하지만 지나가는 속도는 느끼는 사람마다 다르다. 이 소중한 시간들을 붙잡지 못하기에 나는 오늘도 달린다. 자연 속으로….

주말농장에 이웃이 늘어나고 있다.

골짜기골짜기마다 좋은 공기 찾아서 전원생활을 즐기는 사람들이 늘어만 간다. 패널로 된 조립식 건물에서 화려한 전원 주택까지….

아이들도 어느새 자라 친구들과 함께하는 시간이 늘면서 주말농장엔 남편과 단둘이 가는 날이 많아졌다.

그사이 폐교는 전원주택단지가 생기고 물놀이하던 미니 풀장도 사라지고 많은 변화가 왔다.

농장엔 벌써 봄 내음이 물씬 풍긴다. 싱그러운 신록을 보고 있자면 모든 근심 걱정이 따뜻한 햇살 아래 눈 녹듯 녹아내린다.

빨간색, 핑크색이 어우러진 벚꽃. 주황빛 철쭉꽃. 노란 유채꽃과 어우러진 강과 산에선 무지개빛 바람이 물씬 풍겨 온다.

내게 주말농장은 여행지이기도 하고 에너지를 얻을 수 있는 충전소와 같은 곳이다.

가끔 주위 사람들은 "매주 가는 일이 힘들지 않으냐?"라고 말하기도 한다.

일주일 동안 쌓인 피로와 정해진 틀에서 벗어나 좋은 공기 마시며 몸에 좋은 유기농 야채와 과일들로 한주의 피로를 풀 수 있는 곳. 내겐 즐거움이고 행복이다.

에너지를 얻고 기분 전환이 되어주는 주말농장은 이제 내게 있어 없어서는 안 될 공간이 되어버린 것이다.

도시에선 모든 것을 돈으로 사서 소비를 해야 하기 때문에 당연히 돈이 최고라고 생각하는 사람들이 많다. 그러다 보니 과욕으로 인해 스트레스를 받게 되고 병을 얻는 경우가 생겨난다. 자연은 사람들로 하여금 욕심을 버리게 하고 마음의 여유까지 가져다준다.

자연과 함께일지라도 편의만을 좇아가다 보면 좋은 공기는 마실지는 몰라도 도시 생활과 다름없이 생활의 큰 변화는 없을 것이다. 자연 속에서 제철 음식 먹고 손수 흙을 만지고 가꾸며 정서적인 평화를 느낄 때 자연과 더불어 살아간다고 할 수 있을 것이다.

연두빛 짙은 녹음이 물들어가는 계절. 봄나들이 겸 쑥을 캐려고 친구 영선이가 주말농장을 찾았다

따뜻한 햇살 아래 새순이 돋은 쑥과 머위잎이 앙증맞고 몇 안 되는 달래 뿌리를 묻어둔 곳은 꽤 번식하여 달래밭이 만들어졌다.

가을에 심어 두었던 시금치는 얼었다 녹았다를 반복하며 겨우 살아있나 싶더니 봄 햇살에 얼굴을 내밀어 푸르고 튼실하게 자라있다.

그 밖에 취나물, 돌나물, 대파, 쪽파, 마늘, 양파 등 따뜻한 봄기운에 통통하게 자라 생동감이 넘쳐나는데 2주 전 심어둔 감자는 아직 싹이 보이지 않는다.

주말농장에서 흔하게 먹는 게 파전이다. 오늘도 방문한 친구네와 파전을 구워 가을에 김장하면서 담아둔 동김치로 추억을 마셔본다.

얼마 후 소화도 시킬 겸 인근에 컨테이너를 설치하고 열심히 터를 잡아가고 있는 지인을 찾아가는 길이다. 경운기에 거름을 내리는 마을 할아버지를 만났다. 이런저런 이야기 끝에 필요한 대나무를 베어 가도 된다는 말에 갑자기 마음이 분주해졌다. 시기를 놓쳐 싸리나무를 수확 못 했는데 이번 기회에 싸리나무 대신 대나무 문을 만들기로 했다. 남편과 친구 남편 영근 씨가 베어주면 친구와 나는 다듬어 정리하고 남편이 적당한 크기로 잘라 나름 쉬지 않고 열심히 했는데 마무리를 하지 못했다.

하지만 우리에겐 내일이 또 있다.

하루와 같은 사계절

눈을 뜨면 상큼한 공기를 마시며 시작되는
아침.
마치 새싹이 움트는 싱그러운 봄과도 같구나!

햇살이 내리쬐는 따사함에 환한
정오.
마치 태양의 축제와 신록의 계절….

붉은 노을이 떨어지는 쓸쓸한
저녁.
마치 외로이 낙엽이 지는 가을과도 같구나!

깜깜한 밤. 고요함이 전해지는
이 밤.
마치 엄동설한 아랫목에서 쉬고픈 겨울과도 같구나!

주말농장의 변화와 또 다른 희망을 품다

    잘 포장되어 반듯한 길을 알고 있음에도 남편은 여러 개의 마을을 거쳐 굽이굽이 돌아 나지막한 산언덕을 올라 농장에 도착한다.

    주말농장은 여러모로 우리에게 참 유익한 공간이다. 드라이브와 먹을거리를 주고 힐링을 즐길 수 있는 공간을 만들어 주었다. 어느덧 여유가 생기고 갖고자 하는 물건을 만들 수 있는 작업장으로도 사용되었다.

    주말농장을 하면서 늘어나는 남편의 솜씨로 딸 유진이의 침대를 만들어 준단다.

    언제나 그랬듯이 결과를 보기 위해 과정은 소중하고 행복했다. 자재를 옮겨 놓고 남편이 편백 침대를 만드는 동안 나는 남편이 좋아하지 않을 일을 숨죽여 시작해 본다. 지난번 집 인테리어를 하고 남은 향토벽돌로 창고 같은 샌드위치 패널 주위를 꾸며 볼 생각이다.

    옮겨 놓은 향토벽돌을 현관 입구에 한 장 한 장 붙이면서 멋지게 변해가는 주변을 떠올리며 심장이 뛴다. 이런 내 마음과 달리 남편은 자연 그대로를 좋아하고 자연 속에 더해지는 구조물을 싫어한다.

생각과는 달리 예상치 못한 반응에 의외였다. 작업 중에 언제 보았는지 살며시 다가와 요령을 가르쳐주고 사진까지 찍어주면서 응원해준다,

어설픈 솜씨지만 직접 향토벽돌로 현관 입구를 장식하고 나니 흐뭇한 맘과 자신감이 솟아난다.

벌린 김에 일거리를 또 찾아 나섰다. 내가 항아리 수집을 한다는 말에 건설업을 하시는 큰 아주버니께서 많은 양을 실어다 주셨는데 자리를 찾지 못하고 마루를 차지하고 있다.

잔디밭 가장자리에 빈 곳을 정리해 장독대를 만들기로 했다.

먼저 바닥을 고르고 쓸모없게 된 벽돌을 나란히 깔아 수평을 맞춘다. 좁은 마루를 가득 채웠던 항아리들을 만들어진 공간으로 이동하니 마루도 넓어지고 잔디밭 정원에 장독대가 탄생하면서 자연과 어우러져 멋을 더해간다.

주말농장이 내게 특별하면서 설레게 하는 공간인 것은 뭐든 연출할 수 있고 만들어 갈 수 있는 공간이기 때문이다.

햇살 따사로운 밀양의 풍경과 상쾌한 공기가 온몸으로 전해지는 순간 도심 속에 떠나지 않는 근심 걱정과 스트레스는 한순간 사라지고 행복한 순간이다.

나의 마음의 평온과 자유를 주며 있는 그대로의 자연과 한몸이 되어 모든 욕심을 내려놓게 만드는 곳. 나는 이곳이 참 좋다. 오늘은 이래저래 농장을 찾은 기쁨이 가득하다.

할 일을 마치고 뿌듯한 맘으로 남편을 찾았다. 그동안 전체 틀이 만들어지고 사이사이를 매우는 세밀한 작업 중이다. 마치 장인을 본듯하다.

곁에 있는 나에게 표면을 만져보란다. 역시 꼼꼼함이 묻어나는 완

벽함이 느껴진다. 얼마나 밀었던지 거칠었던 나무는 아기 볼처럼 부드럽고 빈틈없는 수제품이 완성되었다.

　일주일 후.

　인테리어 작업을 하고 남은 자재 중 편백나무들을 이용해 방을 꾸밀 생각을 하니 기대와 설렘이 가득하다.

　농장에 도착해 남편은 작업복을 갈아입고 농작물 살피느라 분주하고 난 곧장 패널로 된 실내를 꾸미기 위해 짐을 날랐다. 차가운 패널 표면을 몸에 유익한 편백으로 꾸며가며 기쁨을 만끽한다.

　작업 중 긴 자재를 톱으로 자르려니 가장자리가 매끈하지 않아 기계를 사용해야 할 것 같다. 남편은 농작물 관리로 바쁜 와중에 부질없는 일 한다고 싫어할 것이다. 그럴 때면 어김없이 등장하는 것이 있다. 남편이 좋아하는 시원한 맥주 한잔의 휴식과 나의 애교는 남편을 설득하기에 충분했다. 잠시 휴식을 취하고 잘라준 편백나무 하나하나를 연결해서 마무리하고 나니 실내공기는 물론이거니와 아늑함을 주는 쉼터가 되었다.

　작업 후 뒷정리를 마무리할 때쯤 진주에서 언니들이 먹을거리를 한차 가득 싣고 먼 길을 달려왔다. 유일하게 손님을 맞으면서 음식 준비를 안 해도 되고 불편함 없이 지낼 수 있어 편한 손님들이다.

　반가운 손님들과 행복한 시간을 보내는 동안 밤은 또 깊어가고 있다.

　이렇게 나는 내게 있어 또 하나의 활력소가 되어준 작은 텃밭에 내가 설계한 작은 집을 짓고 자연과 더불어 사랑하는 사람과 행복을 꿈꾸며 살고 싶다.

　오늘도 난 꿈꾸어 온 미래를 위해 매일매일 설계하며 희망을 꿈꾼다.

우르릉 쾅!

천둥·번개 소리에 떨고 있을 때

곁에 있어 주는 것만으로도 나는 행복합니다.

기쁠 때나 슬플 때나 마음을 나누고

함께할 수 있어 외롭지 않습니다

내게 필요한 많은 것들을 해결해 주고 채워주며

끝없는 사랑으로 날 설레게 하는 이곳에서

함께할 그날까지 우리의 사랑이 영원하길.